除汙去漬!
正確洗衣

洗衣達人 沈富育 著

推薦序

一種腳踏實地，讓人信賴的認真

　　會認識富育可以說是一種緣分吧！

　　我們在同一個年代，差不多在國中畢業的年紀，都為了生計從南部的鄉下到台北當學徒。一個在做麵包的領域、一個在洗衣服的領域，那時候年輕的我們，就像不知道什麼是困難、不知道什麼是辛苦一樣，只知道要努力埋頭往前進。生命有時候就是這麼有趣，我們兩個人，就像是在相同時間、相同空間走著同樣道路卻不認識的朋友。

　　後來在因緣際會之下，因為同一位經紀人而認識。對他的印象，就是腳踏實地、做事認真，還有每個階段，都願意將自己歸零，從不間斷地學習。從這樣的特質當中，可以看見他對於洗衣領域的鑽研和付出的心血，相信絕對不下於我對做麵包這領域的研究。

　　很開心他要出新書了，這本新書《除汙去漬！正確洗衣》，會用簡單、質樸的方式，將最正確的洗衣知識帶給大家。洗衣服之前簡單的3分鐘預處理，讓整筒洗衣機的衣服都能真正地乾淨；用天然又便宜的白醋，可以讓衣服恢復原本的柔軟與彈性。紮實又易學的內容，就像是富育所散發的特質一樣，值得信賴、讓人放心。真心向大家推薦。

吳寶春麥方店創辦人

推薦序

好好洗衣服，生活變彩色！

　　最近看到一項關於家事喜好度的調查非常有趣，在眾多居家清潔的家事當中，最讓人討厭的排行榜依序是洗衣、煮飯、洗碗、家庭採買、收納整理和倒垃圾等，我看到這項調查不禁莞爾一笑，原來這麼多朋友在洗衣服上的困擾都跟我一樣啊！很多人常常有類似經驗，把一堆衣服丟到洗衣機清洗後，衣服不見得一定變乾淨，反而出現汗漬泛黃、縮水打結、染色脫色、異味細菌滋生等擾人狀況，衣服到底要怎麼「好好洗」？真是一門大學問！

　　好在，我因為主持節目的關係結識了台灣第一洗衣達人沈富育大哥，他把洗衣服當做是醫生治病一般，任何關於洗衣服的疑難雜症只要問沈大哥通常都能一點就通。例如：沈大哥教我們在洗衣服前一定要懂得「預處理」，先判斷衣料材質、汗染物種類、髒汙程度做重點去汙，透過適當的洗劑及水溫對症下藥後再集體用洗衣機清洗，這樣不但能避免日後衣服斑黃也較不易傷衣料。另外，隨著消費者對於洗劑成分是否環保、天然的重視，沈大哥也分享了許多無毒洗劑的運用，像是水晶洗衣皂、天然洗碗精、小蘇打粉及白醋都是非常棒的清潔洗劑。還記得有一次錄影，在穿脫商借的品牌洋裝時不小心將粉底沾到了領口，我想起沈大哥分享過化妝品大多屬於油性汗漬，只要在汗漬處加一點去油的洗碗精刷洗，或者沾一點卸妝油輕輕搓揉再沖水就能輕鬆去汙，我因此也省下了洋裝送洗的費用呢！

　　洗衣服是每個家庭的日常，隨著時代的進步，衣服的材質越來越多樣化，如果你還在傻傻地將全部的衣服胡亂一起丟入洗衣機，那將會造成衣物的高損壞率，無形中也將提高買衣服的成本。很開心見到沈大哥又出版了這本《除汙去漬！正確洗衣》。本書就像是一本洗衣辭典一般，我們最怕碰到的衣物髒汙、最常洗錯的衣物、最常洗壞的衣物材質、連平常我們最不懂得怎麼清洗的居家用品及洗衣後的晾烘燙摺祕訣都在這本書當中，可以輕易學會！生活處處需要小智慧，關於洗衣服我們需要知道的更多！讓我們一起跟著台灣第一洗衣達人沈富育學習如何「好好」地洗衣服，我們每個人都有機會成為自己家中的洗衣達人喔！

POP Radio 電台台長／主持人　林書煒

推薦序

絕不藏私，傾囊相授的洗衣好朋友

認識沈大哥7年有了吧？

從7年前初見面，到現在再相遇，我都納悶：「他怎麼都沒變啊？」

一樣中等身材，一樣中等帥氣，一樣中等音量，一樣中等氣質！

沒錯，中等氣質！

他就是一個這樣的人，很舒服、不張狂，有需要、一定到！

那天問沈大哥：「快過年了，你們一定忙翻了吧？」

他說：「不會啊，這時候剛好是我們可以服務大家的最好時間！」

我彷彿又看到當年騎著車去買菠菜跟檸檬的沈大哥⋯⋯（他想試試檸檬是不是真的可以把鐵洗掉）

對清潔充滿著熱情，對洗滌充滿著執著，對專業充滿著戰戰兢兢，對自己充滿著再接再勵！

於是我懂了，這樣的中等，其實也就是儒家的中庸之道，一切都是剛剛好的美麗！

沈大哥出書了，他一定不會藏私，他一定傾囊相授。

有了這本書，哈哈，我們也是洗衣達人囉！

粉紅豬 鍾欣凌

作者序

一路堅持，讓大家擁有最正確的觀念，洗出乾淨、洗出自信

我家鄉在雲林斗南鄉下的靖興里，那裡有著目前全台灣最小、有停靠火車的火車站石龜站，往事歷歷，就像是我人生的歷程一樣。在16歲的時候，我也從人生中最小、最低的點出發了。

那時我隻身從鄉下來到台北找工作，一晃眼竟然已經30幾年了。當初剛上台北時，我沒有錢也沒有漂亮的學歷，所以只能從洗衣廠學徒開始做起。以前一天至少要站10幾個小時以上，當時的洗衣技術是衣服洗完後還要另外撈出來放到脫水機裡脫水。冬天的毛毯再加上水的重量，有時可能比當時40公斤的我還重，在拉出來的過程中，又溼又冷，雙手經常撞得滿是鮮血。

我也曾經對自己的未來迷惘過，但依然堅持著走下去。幾年之後，我開了屬於自己的洗衣店，這一路走來，我只想研究出更好用、更環保的洗滌技術，後來也順利取得了台灣專業「洗滌技術師」的執照認證。

很多客人把衣服拿來送洗時，最常問到的問題是，如果衣服沾到醬料、泛黃或染色要怎麼辦？還有人希望能買到去汙力強的洗劑，但又害怕衣物殘留化學藥劑會造成皮膚過敏而跑來找我。的確！如果用錯洗劑、用錯方法，可能會比沒洗還糟呢！其實，我嘗試過上百種的洗劑，最推薦的還是天然肥皂和親環境的洗劑，只要用正確的洗法，就能洗得乾淨、不傷衣料，也不傷健康和環境。

生病了可以找醫生，那遇到洗衣的問題可以找誰呢？難道就只能花大錢送洗衣店嗎？其實有時答案真的很簡單，大家卻可能因為不懂方法而越弄越糟。以洗衣為業的我，很希望能藉由自己的專長，幫助更多人解決洗衣方面的問題，所以我積極上節目、或接受報章雜誌採訪，為的就是讓正確的觀念和知識能夠越來越普及。

現在我將自己親身實證過的所有經驗集結起來，再次出版新書，希望這本書能為各位讀者們解惑，讓全家大小的衣服都能真正乾淨、親膚不過敏。

最後，感謝一路上幫助過我的所有貴人，以及支持我的家人、親朋好友、同仁和顧客，是你們的信任和鼓勵，才讓我能在這個領域中發光發熱！謝謝你們！

專業洗滌技術師・「清皙洗衣坊負責人」 沈富育

CONTENTS

PART 1　　　　　　　　　　　　　　　　　　　　010
達人開講！
動手洗衣前先花 3 分鐘建立正確觀念

忙碌的你，衣服洗對了嗎？
→ 造成衣服越洗越髒的 9 個常見錯誤　012

達人也想偷學！正確洗衣 3 步驟
→ Step 1：分類 → Step 2：預處理 → Step 3：機洗　015

聰明 4 方法，辨別材質好簡單
→ 標籤法・手觸法・燃燒法・經驗歸納法　018
→ 常見衣物材質檢索一覽表　020

學會看懂洗滌標籤，再也不用怕洗錯或不會洗
→ 常見的洗滌標籤總整理　023
→ 國際通用洗標圖示檢索表　025

用對清洗劑，省時省力又省錢
→ 6 種超好用的居家清潔劑　028

汙漬剋星來了，面對不同種類的汙漬不用怕
→ 7 種去汙劑大集合！　031

洗衣前必備！從刷洗工具到洗衣機
→ 11 個好用又省力的洗衣法寶　034

PLUS！ 幫洗衣機大掃除：教你洗衣機怎麼洗！　038

PART 2　040
最怕遇到也最難洗淨的衣物髒汙處理法大公開

生活中常見的4大汙漬種類
→ 蛋白質類・單寧酸類・油脂類・其他類　042

蛋白質類汙漬的天然清潔法
→ 1. 血漬・尿液　043

單寧酸類汙漬的天然清潔法
→ 1. 汗漬・口水　044
→ 2. 咖啡　045
→ 3. 茶類　046
→ 4. 果汁　047
→ 5. 紅酒　048
→ 6. 香水　050

油脂類汙漬的天然清潔法
→ 1. 食物醬汁　051
→ 2. 粉底・口紅　052
→ 3. 機油　053

其他類汙漬的天然清潔法
→ 1. 發黃・黃斑　054
→ 2. 發霉・黑斑　055
→ 3. 口香糖　056
→ 4. 睫毛膏　057
→ 5. 染髮劑　058
→ 6. 立可白・油漆　059
→ 7. 原子筆　060
→ 8. 奇異筆・油性筆　061

在外去汙5大口訣
→ 吸・沖・拍・抓・刮　062

PLUS！ 洗衣達人小專欄：消除異味的妙方都在這！　064

PART 3　　　　　　　　　　　　　066

最多人穿也最常洗錯的衣物

上著
- ➔ 1. 襯衫　068
- ➔ 2. T恤　070
- ➔ 3. 制服　072
- ➔ 4. 亮片衣物　073
- ➔ 5. 貼鑽衣物　074
- ➔ 6. 刺繡衣物　075
- ➔ 7. 排汗衣・瑜伽服　076
- ➔ 8. 針織衫　077
- ➔ 9. 蕾絲洋裝　078
- ➔ 10. 夾克・外套　079
- ➔ 11. 大衣・風衣　080
- ➔ 12. 羽絨衣　081

下著
- ➔ 1. 破牛仔褲　082
- ➔ 2. 西裝褲　084

- ➔ 3. 內搭褲・絲襪　086
- ➔ 4. 襪子・地板襪　087
- ➔ 5. 白色運動鞋　088
- ➔ 6. 帆布鞋　090
- ➔ 7. 雪靴　093
- ➔ 8. 室內拖鞋　094

內著
- ➔ 1. 胸罩　095
- ➔ 2. Nubra 隱形內衣　096
- ➔ 3. 內褲　097
- ➔ 4. 塑身衣褲　098

其他
- ➔ 1. 防風手套　099
- ➔ 2. 圍巾・披肩　100
- ➔ 3. 絲巾　101
- ➔ 4. 泳衣（褲）　102

PLUS！ 搶救衣服大作戰：縮水・車線歪掉・洗破處理法　104

PART 4　　　　　　　　　　　　　106

最難搞懂也最常洗壞的衣物材質

- ➔ 1. 棉　108
- ➔ 2. 丹寧　110
- ➔ 3. 聚酯纖維　111
- ➔ 4. 尼龍　112
- ➔ 5. 壓克力　113
- ➔ 6. 天然羊毛　114

- ➔ 7. 絨布　116
- ➔ 8. 聚氨酯（合成皮）　117
- ➔ 9. 醋酸纖維　118
- ➔ 10. 嫘縈　119
- ➔ 11. 蠶絲　120
- ➔ 12. 天絲棉　121

最新、最常弄錯的衣物材質洗滌建議！　122

PART 5 ———————————— 126
最需要洗卻最不會洗的居家用品

- 1. 枕頭套・被單　128
- 2. 枕頭芯　129
- 3. 窗簾　130
- 4. 浴巾・毛巾　131
- 5. 隔熱手套・抹布　132
- 6. 腳踏墊　133
- 7. 布偶　134
- 8. 帆布包　135

PLUS！ 專家解答：最多人問的洗衣問題，一次弄懂！　136

PART 6 ———————————— 144
一次學會！洗衣後的漂脫晾烘燙摺

最多人問！漂白劑用法、步驟詳解
- 漂白劑的種類・漂白劑的使用・漂白的步驟　146

脫水不傷衣物！這樣做就對了
- 重新認識脫水吧・建議脫水時間　149

讓晾曬變輕鬆又簡單的 3 大原則
- 各類晾衣工具・自製簡易晾衣架・各類衣服晾法　150

衣服該怎麼烘？這些常識先學起來
- 認識烘衣機種類・烘乾標籤一覽表・不怕烘錯衣服的 8 個烘衣知識　156

燙得又平又挺？掌握 3 大關鍵就 OK
- 不失敗的燙衣要點・熨燙衣物更順利的獨家撇步・各類衣物差異化燙法　159

必學！衣服摺收、吊掛、收納法
- 不同衣物適合摺法・吊掛不留痕跡・換季收納法　164

PLUS！ 告別秋冬惱人靜電：達人告訴你避免被電到的方法！　169
NEW 專家解答！最多人誤解的洗滌知識，一次解惑！　170

附錄 ❶ 洗衣店老闆告訴你，洗衣糾紛該如何避免及處理！
附錄 ❷ 只曬被子是不夠的，你知道被芯其實可以洗嗎？

PART 1

達人開講！
動手洗衣前先花 3 分鐘
建立正確觀念

洗衣服，不就是衣服丟到洗衣機、按鍵按一按嗎？
NO！NO！NO！千萬別輕忽，衣服亂洗可能越洗越髒，
且髒、臭、毒會統統找上門！
現在就讓洗衣達人告訴你應該先有的基本概念。

忙碌的你，衣服洗對了嗎？

造成衣服越洗越髒的 9 個常見錯誤

迷思 1 衣服浸泡一個晚上再洗比較乾淨？

✘ 浸泡衣服的觀念沒錯，但並不表示泡越久，就能洗得越乾淨。如果浸泡方式錯誤，不但洗不乾淨，甚至會造成衣服染色。

◯ 正確觀念：浸泡前先用顏色深淺分類，避免泡太久造成染色。另外要考慮洗劑的時效性，有些洗劑作用時間短，若浸泡時間過長，反而會出現逆汙染。一般浸泡時間最多以 4 小時為佳。

迷思 2 待洗衣服全部丟洗衣機，省時又簡單？

✘ 很多人喜歡把髒衣服堆在洗衣籃裡，等滿了再一起放洗衣機洗。但是這樣不僅會縮短衣服的使用期限，還會造成衣物之間細菌孳生、顏色相互汙染，脫落纖維摩擦打結。

◯ 正確觀念：洗衣前區分顏色深淺，避免染色；衣服若有特別髒的部位，機洗前要先做預處理才能洗淨。另外，貼身衣物當天就要清洗完畢。

迷思 3 貼身衣物和襪子也可以丟洗衣機？

✘ 現代人生活忙碌，有時貪圖方便就將貼身衣物和襪子一起丟進洗衣機。這樣做並不好，因為襪子很髒，尤其是小朋友的，因此不建議放洗衣機一起洗。

◯ 正確觀念：可以把貼身衣物和襪子分兩次洗，但耗費時間和資源，較難做到。另一個方法，先用洗碗精水泡襪子 2 到 3 小時再一起洗，機洗時加雙氧水殺菌，就不用擔心細菌汙染。

迷思 4 一次洗沒幾件衣服浪費水，等量夠多了再一起洗？

✗ 洗衣機是密閉空間，如果不斷放髒衣服進去，會讓汗漬、臭味越來越嚴重，除了增加清洗難度，也容易孳生細菌、發霉。

○ **正確觀念**：細菌、黴菌在我們脫下衣物後就會開始產生，所以最好當日清洗完畢，不要累積。不過對多數人來說太難了，因此建議先把髒衣服放在鏤空、通風的洗衣籃或一般洗衣盆中。

迷思 5 用熱水洗衣服，最能殺菌、去汙？

✗ 很多人以為水溫越高，就越能殺菌、去汙，不論手洗、機洗都用熱水洗滌，結果被燙到、得不償失。如果衣物沾有血跡等蛋白質類汙漬，用熱水反而會讓汙漬牢牢附著；棉質、羊絨品、壓克力纖維等材質遇到熱水則會縮水變形，甚至褪色。

○ **正確觀念**：一般洗滌時，水溫最好控制在攝氏30～40度。除非衣物上沾有單寧類茶漬，才需要先用熱水做局部沖洗。

迷思 6 洗衣劑要多倒一點，才能把衣服洗得更乾淨？

✗ 倒太多洗劑不但無法增強去汙力，還會殘留於衣物上。洗劑中的烷基苯類化合物容易刺激皮膚，過量時會造成過敏、婦科感染；而洗劑不夠則會讓髒汙再次汙染整筒衣物，產生「逆汙染」。

○ **正確觀念**：一般洗劑和濃縮洗劑用量不同，請參考包裝說明，根據衣物多寡、質料決定使用量。若洗劑過量，衣服觸感會滑滑的，這表示洗劑中的「鹼」仍有殘留；此時可加少量白醋再洗一遍，中和一下酸鹼度。

迷思 7 睡衣沒有穿出門，不用太常洗？

✘ 有人覺得睡衣只是穿著睡覺，洗完澡很乾淨又沒有流汗，應該不用太常洗。不過其實人體隨時都會不自覺排汗，所以睡衣並沒有想像中乾淨。太久沒洗也會有味道，只是因為自己習慣了才會沒有察覺。

◯ **正確觀念**：睡覺時的汗量比醒著時少，不需要天天清洗。但如果2個禮拜才洗一次，容易藏汙納垢，所以建議至少3～4天就要洗一次比較好。

迷思 8 衣服洗完後，一定要烘乾、曬太陽更殺菌？

✘ 為了讓衣服快點乾、有殺菌效果，通常會拿去烘乾、日曬。但如果想要保護衣服色料，就不建議這麼做。烘衣機會有讓衣服纖維受損的疑慮；而曬太陽則容易使衣物褪色。

◯ **正確觀念**：最保護衣料的乾燥方式是「自然陰乾」，就是將衣服掛在通風、沒有日曬處晾乾。如果想加快速度，可將洗完的衣服鋪平在浴巾上後再捲壓，就可以擠出大部分水分。如果真的想日曬，注意曝曬時間不可過長。

迷思 9 洗完衣服沒有立刻晾應該沒關係吧？

✘ 現在的人啟動洗衣機後，就會去做別的事，一忙就忘記了。等再打開洗衣機時，已經隔了好幾個小時，這樣衣服一定會發臭。最好是洗完後馬上晾起來。

◯ **正確觀念**：洗衣機內的濕度很適合細菌生存，如果洗完沒有馬上取出，細菌就會不斷孳長，讓衣物產生異味。建議洗完2小時內，一定要將衣服晾在通風處。萬一忘記，就再按照一般程序重洗一遍，否則無法清除臭味。

達人也想偷學！正確洗衣 3 步驟

Step1：分類 → Step2：預處理 → Step3：機洗

Step ❶ 分類

清洗前按顏色、成人小孩分類，就能讓麻煩少一堆！

通常洗衣時，我們都會將全部衣物一起丟進洗衣機，但是這樣會造成許多問題，例如：衣服的髒汙會互相汙染，衣服顏色可能會褪色、互染……等。因此在機洗前，應該要先將衣物進行分類。

按照顏色區分

如果衣服量大，可以用顏色分類。但現在人口少，對一般家庭來說，要仔細分色有點難度，建議只要分淺色系和深色系兩種就好。這樣在洗滌過程中，衣服就不會互相染色。

如果一起混洗，常常會發現家中的白色衣物變成灰色，因為黑色衣服一般都會褪色，如果在同一個環境裡洗滌，就有很高的互染機率。

按照成人小孩區分

通常大人的衣服比較髒，小孩的衣服相對比較乾淨，但要不要分開洗，可以依照每個家庭的習慣決定。能分開當然是最好，但如果真的沒時間，可在洗淺色衣服的時候，加氧系漂白劑殺菌；深色衣服就加雙氧水，同樣有殺菌功效。

這兩種藥劑的酸鹼度相差比較大，因此需要分開處理。經過殺菌，就不用擔心有細菌殘留，或是怕大人衣服上的細菌汙染小孩衣服。

Step ❷ 預處理

先做「預處理」去汙，再機洗，衣服才能完全乾淨！

一般日常穿著如果沒有意外沾到汙漬，那麼預處理的時候，建議以領口、袖口、腋下、褲頭、褲腳、褲底為重點，其他地方基本上不會太髒，機洗時要避免設定過強的。

避免造成衣物二度汙染

一般人的洗衣流程大多是一開始就機洗，全部用同一種洗劑、洗程，然而這麼做，髒的地方不但不會變乾淨，不髒的反而變髒了，陷入無止境的二度汙染，因此「預處理」是必要的。首先要判斷衣物的材質、汙染來源、髒汙程度做重點去汙，透過適當的洗劑和水溫對症下藥，再整體機洗，這樣就能真正洗淨，不但日後不會長黃斑，也不會因洗滌過度而傷衣料。

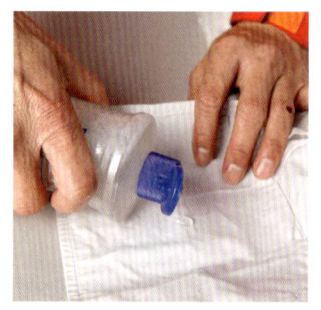

保護衣物請個別化處理

平時就養成「預處理」的習慣，累積經驗，當不同衣料碰上不同髒源的複雜情況發生時，才能夠正確處理，讓衣物像新的一樣。例如：當衣服滴到茶漬，T恤和羊毛衣的清洗方式絕對不同，第一步要先確認「衣料洗標」，T恤可以用熱水和洗碗精去汙；羊毛衣若用熱水清洗，會造成纖維縮水，好好的一件毛衣就報銷了！

節省機洗時間又省花費

因為衣物先經過個別化的預處理，主要汙漬都已確實處理掉了，所以機洗時只須設定一般洗滌流程，或把兩段洗程改成單次快洗，這樣做既能避免機洗時過度攪拌而傷害衣料，又能節省時間，延長洗衣機的壽命；最重要的是，衣物也能夠洗得更加乾淨！

> Step ❸ 機洗

控制好洗衣機溫度、洗程時間,才能確保衣服不洗壞!

衣物投入洗衣機後,大部分的人都直接設定標準洗程,但如果能按照衣物特性,精準設定洗程及洗滌溫度,那麼不僅能將衣服洗得更乾淨,還能避免衣料受損。

清洗淺色衣物的機洗設定

一般滾筒式洗衣機可以設定洗滌溫度。在洗淺色衣物時,若提高水溫,便能洗得更乾淨。每增加10度,大約能提升5倍的洗淨力,洗滌淺色衣物的水溫,大概控制在攝氏40~50度即可。另外,因為增加溫度可以讓淺色衣物洗得更乾淨、更白,所以清洗時間需拉長至9~12分鐘。淺色衣物可以加洗衣粉和氧系漂白劑一起洗滌。

清洗深色衣物的機洗設定

洗滌深色衣物時,最怕的就是褪色,所以機洗時要以常溫洗滌並將洗程時間縮短,大概5、6分鐘即可。通常衣服會在領口、袖口、前襟處累積油漬,正常洗滌下很難清除乾淨,尤其黑色衣服不容易看出來。建議預處理之後再放入洗衣機洗滌,這樣即使縮短洗程也不用怕衣服洗不乾淨。深色衣物可以加雙氧水來增亮。

強洗、弱洗的功能應用

有些洗衣機功能比較多,會分強洗、弱洗、一般洗程,區別在於洗滌時的扭力及轉速。假設一般洗程30秒轉2次,那弱洗可能30秒才轉1次,強洗可能30秒轉3、4次。由此可知,強洗的扭力比較強,適合洗滌厚重衣物,如果是用一般洗程清洗,機器可能會攪不動;而弱洗轉速比較慢,適合洗滌材質比較纖細的衣物。在設定時,以待清洗衣物的乾淨度、重量來決定。

聰明 4 方法，辨別材質好簡單

標籤法 · 手觸法 · 燃燒法 · 經驗歸納法

洗衣流程中最重要的第一個步驟，就是判斷材質。一般主要以檢查「材質標籤」為最簡單的方式。根據不同的材質，處理的過程也會不一樣，例如：化學纖維大多只能夠水洗；但是若遇到天然纖維，像是蠶絲、羊毛類的衣物，絕對不能碰水，因為會縮水變形。即使平常不小心沾到汙漬，也要先考量衣料的特性，不要急著丟洗衣機；否則不但洗不乾淨、損壞衣料，還可能白白浪費一件衣服！

❶ 標籤法
解讀材質標籤上的質料名稱、成分比例

一般來說，衣服內面領口或側邊會有三種標誌：品牌尺寸、材質標籤、洗滌標籤。但是各國材質標籤、洗滌標籤上的標示，並不會完全一樣，也不一定正確，所以需要多用幾種方式加以辨別。除了看材質標籤外，還可以用手觸法、燃燒法、經驗歸納法來判斷。若屬於混合材質的衣料，則要看哪種成分比例較高，再決定洗滌方式。

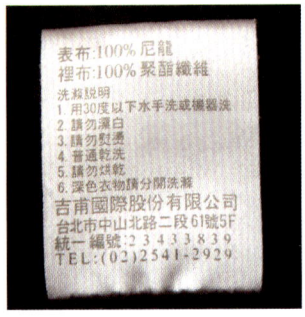

❷ 手觸法
特別注意，觸感相似的質料不要搞混

通常使用手觸法，建議與其它方法一起測試，因為只憑手的觸摸，有時容易混淆觸感相似的質料，例如：天絲棉和蠶絲兩者摸起來都很柔軟，但衣料的性質完全不同，天絲棉的成分屬於合成纖維，清洗方式自然與天然蠶絲不同。

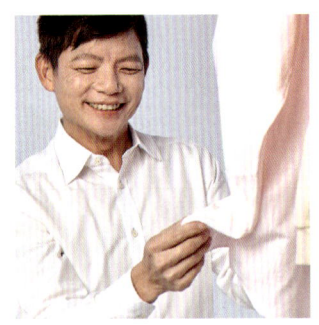

❸ 燃燒法
依據散發氣味、燃燒速度、燃燒後狀態判斷

最正確，也最內行的判別方式就屬「燃燒法」。做法如下：首先搓起衣物中一些毛布絮，或在不顯眼的地方，用打火機去燒，再根據燃燒時的速度，散發出的氣味及狀態判斷衣物的質料。

燃燒衣料材質判斷表

衣物材質	散發氣味	燃燒速度（燃燒後狀態）
真皮（小牛皮、羊皮等）	味道像微焦的烤肉。	燃燒速度慢約 1～2 分鐘，且擴散範圍很小。
合成皮	味道像嗆鼻的塑料。	起燃速度快，且擴散範圍大。
天然動物毛（羊毛、兔毛、蠶絲等）	味道像是頭髮燒焦。	燃燒後會結成黑色球狀，一捏就碎。
天然植物（棉、麻等）	味道如同燃燒木柴。	燃燒後有羽狀灰色灰燼，一捏就碎。
化學纖維（壓克力、尼龍、萊卡等）	味道好像燒掉塑膠。	燃燒後會結成黑色球狀，捏不碎。

❹ 經驗歸納法
借重專業洗衣達人的智慧

襯衫：70～80%是由棉製成，若為化學纖維製品，通常材質為聚酯纖維、尼龍。

T恤：85%以上是由棉製成，一般標榜衣物不起皺的，多是化學纖維製品。

毛衣：除了常見的羊毛外，還有壓克力、棉質、嫘縈材質製品。

高級西服：70%以上會用毛料製作，或是由化學纖維製成。

常見衣物材質檢索一覽表

（該特性圖例：◎＝極佳 ○＝良好 △＝尚可 ✕＝弱差。）

纖維名 英文／日文	常製衣物	觸感	特性	不易縮水	不易褪色	不易皺摺	不易磨破	耐熱程度	參考洗法
❶ 醋酸纖維 Acetate アセテート	襯裡	擁有光滑的表面，不論觸感、服貼性、吸濕度皆佳。	質地服貼、成本便宜，但不耐磨，往往衣物外面沒壞，襯裡已破掉。	△	△	△	△	△	P118
❷ 壓克力 ACRYLIC アクリル	毛衣類 毛毯	觸感雖然像羊毛，但重量比羊毛輕，質地具光澤感。	易洗整，質地蓬鬆輕暖、挺性佳。為製作保暖衣物的常見材質，不會造成過敏。	○	○	○	○	✕	P113
❸ 羊駝毛 Alpaca アルパカ	高級洋裝 大衣	如絲綢般的光澤，保暖且透氣。纖維極細，不同於多數動物纖維，不會刺痛。	相當耐穿，韌度是羊毛的4倍。不但能吸濕，還能保持溫暖與乾燥。重量比羊毛更輕、質地更具光澤感。	△	△	○	○	△	參考天然羊毛 P114
❹ 安哥拉羊毛 Angora アンゴラ	西裝 毛衣 高級大衣 毛地毯	毛比一般綿羊毛粗長堅韌、更具光澤感。	纖毛長度長，建議乾洗，因為水洗後毛會變硬。	△	△	○	✕	△	乾洗
❺ 喀什米爾羊毛 Cashmere Wool カシミヤ	衛生衣 禦寒毛衣 圍巾	絨毛質地輕盈、柔軟，保暖性極佳。	不用製成厚重衣物，就可阻隔冷空氣入侵和體溫流失。絨毛形狀又捲又細長。	△	△	○	✕	△	乾洗
❻ 棉 Cotton 綿	各式衣褲 貼身衣物	觸感柔軟、吸濕性佳，缺點是彈性較差。	容易上色，因此能製成鮮豔的衣服，吸水性能佳。缺點是洗滌時易縮水。	△	△	△	△	◎	P108 P110

纖維名 英文／日文	常製衣物	觸感	特性	不易縮水	不易褪色	不易皺摺	不易磨破	耐熱程度	參考洗法
❼ 銅氨纖維 Cupra キュプラ	女裝襯衣 風衣 外套 褲料	觸感柔軟，質感接近絲綢，擁有非常柔和的光澤。	屬於再生纖維，相當具懸垂感。缺點是易縮水，千萬別用力擰絞，可能會洗破。	△	△	△	△	△	參考聚酯纖維 P111
❽ 彈性纖維 Elastic 性線維	排汗衫 內衣褲	觸感涼而平滑，光澤度佳。	浸泡時間勿過長，要陰乾，曬到陽光會變黃；洗滌時建議用冷水或溫水。	△	△	△	△	△	P76 P97
❾ 毛皮 Fur 毛皮	大衣 皮件	質地柔軟、質感奢華。	水洗會造成衣物發霉或縮水。	△	×	○	○	×	乾洗
❿ 皮革 Leather レザー	外套 皮件	硬中帶軟，挺性佳；聞起來有皮革味。	請收納在乾燥低溫處，避免熱度催化，造成表面氧化，產生裂痕。	△	△	△	△	×	乾洗
⓫ 亞麻 Linen 麻	衣服 襪子 毛巾 地毯 窗簾 多為春夏衣物。	摸起來手感較粗，易產生皺紋，垂墜度比較不好。	質地透氣舒爽，即使身體出汗也不黏身。切勿用力搓洗、硬刷或擰絞，動作要比棉製衣物輕柔。	○	△	×	△	○	手洗 / 乾洗
⓬ 萊卡纖維 Lycra ライクラ	西裝 襯衫 長褲 運動服	透氣、彈性佳，觸感滑順，光澤感與真絲極為相似。	可輕鬆拉長 4～8 倍的長度，並瞬間回復，彈性極佳。纖維越粗，彈性就越好，萊卡 D 數就越高。	○	○	○	○	△	P98
⓭ 毛海 Mohair モヘア	冬裝 填充娃娃	穿上會稍微有刺癢感，但整體質感柔軟。	毛海屬於蛋白質纖維，為了保護衣料，洗滌時建議要用洗衣網。	△	○	○	△	△	乾洗

纖維名 英文／日文	常製衣物	觸感	特性	不易縮水	不易褪色	不易皺摺	不易磨破	耐熱程度	參考洗法
⑭ 尼龍 Nylon ナイロン	風衣 外套 絲襪 褲襪	質地平滑不易磨破，質感輕盈，彈性佳。	大部分洗劑都適用，唯獨水溫最好低於攝氏45度。盡量不要曬到陽光，容易老化。	○	○	○	△	×	P112
⑮ 聚酯纖維 Polyamide ポリウレタン纖維	內衣 泳衣 襪子 伸縮性衣料	質地平滑不易磨破，彈性佳。	質地堅韌，不容易起皺摺，簡單就能清洗。可如同橡膠般伸縮。	○	○	○	○	△	P111 P102
⑯ 聚丙烯 Polypropylene ポリプロピレン	上衣 貼身衣物	觸感柔軟，具有極佳的排汗功能。	仿天然纖維的化學材質，晾乾時間比棉還短，好整理，不易縮水。	○	○	○	○	△	P111
⑰ 嫘縈 Rayon レーヨン	西裝 內裡 罩衫	質地涼爽，觸感輕滑，吸收性好，但耐熱性差。	洗整時切勿用力擰絞或高溫熨燙。由於成分為植物纖維素加工，最好乾洗或冷水洗滌。	△	×	×	×	△	P119
⑱ 蠶絲 Silk シルク	寢具 貼身衣物	觸感柔滑，質地透氣，具吸濕、放濕、快乾特性，彈性較好。	容易變色泛黃。不好保養，不耐摩擦，不能鹼洗。	△	×	×	×	△	P120
⑲ 絨 Velevet ベルベット	西裝外套 保暖衣物 冬衣	質地較厚，具有華麗感的閃光光澤。	耐髒且不易起皺摺。高溫接觸，會造成絨布變色，所以熨燙時需墊塊布阻隔。	○	△	○	○	△	P116
⑳ 人造絲 Viscose レーヨン	洋裝 絲巾	觸感柔滑、質地涼爽，沒有彈性。	性質與蠶絲相似，容易因摩擦或脫水，產生泛白、磨損的現象。	△	×	×	×	△	P101

PART 1

學會看懂洗滌標籤
再也不用怕洗錯或不會洗

常見的洗滌標籤總整理

在進行預處理之前，首要工作是檢查衣物內側邊緣車縫的「洗滌標籤」。衣物的「洗滌標籤」（又簡稱「洗標」），通常會標示衣物的洗滌方式說明、製造地、注意事項，有時會與「材質標籤」做成同一張。目前國際上使用的標示，大部分是以國際標準化組織（ISO）所定的條例「ISO 3758：2012」為標準制訂的，詳細的圖示說明請見P25～27「國際通用洗標圖示檢索表」。洗標內容包含水洗、漂白、乾燥、熨燙、專業維護，這5種提醒圖示，瞭解圖示的意義，就能清楚掌握洗滌過程。如果標示需要專業維護的衣物，千萬不要自己洗，應送專業洗衣店才正確。

台灣洗標：水洗、漂白、乾燥、熨燙及壓燙、專業維護

目前台灣的「洗滌標籤」有5個標示，分別為：水洗、漂白、乾燥（1.翻滾烘乾 2.自然乾燥）、熨燙及壓燙、專業維護，準確度約有70%。不過洗標並非絕對準確，所以處理衣物之前，建議還是要連標籤上的注意事項、衣物材質一起考量才更精準。若擔心可以先在不明顯的衣角試試看。

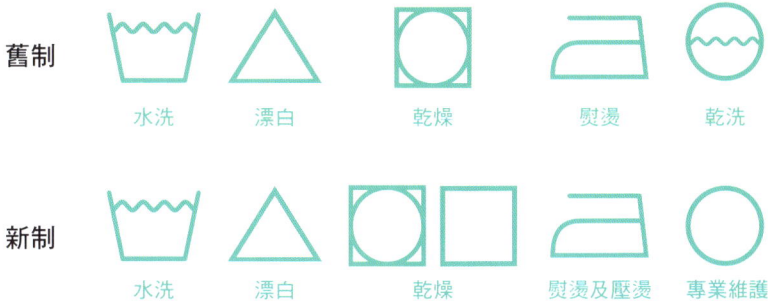

日本洗標：
水洗、漂白、乾燥、熨燙、專業維護

現今國人有很多機會穿到日本製的衣物。日本原本只使用4個標示，不過2016年（平成28年）12月起，也參考了國際的標準，將洗標標示（洗濯表示）更新，一樣用5個基本符號標示，分別為：水洗（洗濯）、漂白、乾燥、熨燙、專業維護（商業清潔）。

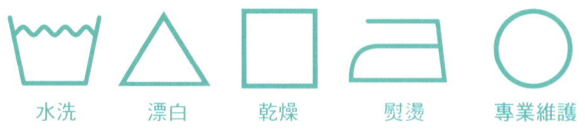

歐美洗標：

目前都以國際上的「ISO 3758：2012」為準。有些歐美衣物的洗標不一定會有圖示供消費者辨別，不過只要配合材質標籤，就能判斷出正確的洗滌方式。

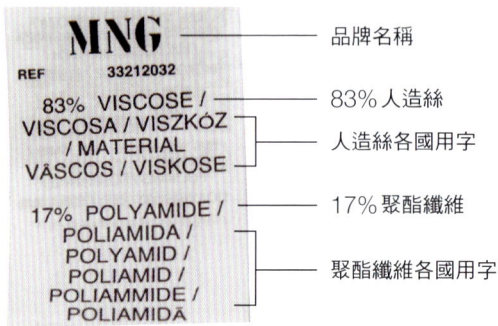

韓國洗標：

韓國的洗標跟一般國際上常見的洗標比較不一樣。目前韓國國內依然沿用之前洗滌標示「KS K 0021」，為了避免民眾混淆而沒有另外根據「ISO 3758：2012」更新，簡易的對照表如下。

區分	1 水洗		2 漂白	3 乾燥		4 熨燙	5 脫水	6 專業維護	
	機洗	手洗		烘乾	自然乾燥			溶劑洗滌	水洗
韓國									
國際通用									

國際通用洗標圖示檢索表

洗標圖示	內容	圖意說明
水洗	❶ 可水洗。（手洗或機洗） ❷ 圖示中的數字表示洗滌時的最高水溫。 ❸ 圖示下方沒有橫槓代表用標準洗程。 ❹ 圖示下加一條橫槓 ——，代表中速洗滌縮短洗程。 ❺ 圖下加二條橫槓 ══，代表弱速洗滌縮短洗程。 ❻ 圖示加入手勢 代表只限手洗。 ❼ 標示手勢 後就不會再加上橫槓。 ❽ 圖示畫 ✕ 則代表不能水洗衣物。	可將衣物置於機器中水洗，水溫最高不得超過攝氏 95 度。 可將衣物置於機器中水洗，水溫最高不得超過攝氏 60 度。 可將衣物置於機器中水洗，水溫最高不得超過攝氏 40 度，須溫和處理，設定中速洗滌並縮短洗程。 可將衣物置於機器中水洗，水溫最高不得超過攝氏 40 度，須極輕柔處理，設定弱速洗滌並縮短洗程。 可將衣物置於水中手洗，水溫不得超過攝氏 40 度。 禁止水洗。
漂白	❶ 漂白。 ❷ 圖示中畫 ✕ 代表禁止漂白。 ❸ 圖示中加入斜線，代表漂白時只能使用含氧或無氯漂白劑。	含氯、含氧的漂白劑皆可使用。 禁止漂白。 只能使用含氧漂白劑或無氯漂白劑。

洗標圖示	內容	圖意說明
乾燥 1. 翻滾乾燥 〇	❶ 可用機器翻滾烘乾。 ❷ 圖示中含有 • 標誌，代表烘衣最高溫度不得超過攝氏 60 度。 ❸ 圖示中含有 •• 標誌，代表烘衣最高溫度不得超過攝氏 80 度。 ❹ 圖示中畫 ✕ 代表禁止烘乾。	⊙ 可烘乾，但最高溫度不得超過攝氏 60 度。 ⊙⊙ 可烘乾，但最高溫度不得超過攝氏 80 度。 ⊠ 禁止翻滾烘乾。
乾燥 2. 自然乾燥 □	❶ 可自然乾燥。 ❷ 方形圖示內有一條直線，表示懸掛晾乾。 ❸ 方形圖示內有二條直線，表示懸掛滴乾。 ❹ 方形圖示內有一條橫線，表示平攤晾乾。 ❺ 方形圖示內有二條橫線，表示平攤滴乾。 ❻ 方形圖示內左上方有一條斜線，表示在陰涼處進行乾燥。	│ 可懸掛晾乾。 ‖ 可懸掛滴乾。 — 可平攤晾乾。 = 可平攤滴乾。 ⧄│ 可在陰涼處懸掛晾乾。 ⧄— 可在陰涼處平攤晾乾。 ⧄= 可在陰涼處平攤滴乾。

洗標圖示	內容	圖意說明
熨燙	❶ 熨燙。 ❷ 圖示中加小圓點代表最高使用溫度。 ❸ 圖示中畫╳代表禁止熨燙。	可熨燙，但最高溫度不得超過攝氏 110 度，且不能使用蒸氣。
		可熨燙，但最高溫度不得超過攝氏 150 度。
		可熨燙，但最高溫度不得超過攝氏 200 度。
		禁止熨燙。
專業維護	❶ 紡織品專業維護。（包含專業乾洗及專業濕洗） ❷ 圖示中含有 P 字樣，代表可專業乾洗，並使用石油類、四氯乙烯、三氯乙烷乾洗溶劑清洗。 ❸ 圖示中含有 F 字樣，代表可專業乾洗，並使用石油類乾洗溶劑清洗。 ❹ 圖示中含有 W 字樣，代表可專業濕洗。 ❺ 圖示下沒有橫槓，代表用標準處理程序。 ❻ 圖示下加一條橫槓 ─，代表須溫和處理，用中速洗滌縮短洗程，並中溫乾燥。 ❼ 圖示下加二條橫槓 ═，代表須極輕柔處理，用弱速洗滌縮短洗程，並低溫乾燥。 ❽ 圖示中畫╳，代表禁止專業乾洗或專業濕洗。	可用石油類、四氯乙烯、三氯乙烷乾洗溶劑清洗。
		可用石油類乾洗溶劑清洗，須溫和處理，用中速洗滌縮短洗程，並中溫乾燥。
		不可以專業乾洗。
		可用專業濕洗。
		可用專業濕洗，須極輕柔處理，用弱速洗滌縮短洗程，並低溫乾燥。
		不可以專業濕洗。

用對清洗劑，省時省力又省錢

6 種超好用的居家清潔劑

只要「使用方法」正確，無毒洗劑的洗淨力並不會比較弱。跟著本書的洗滌步驟一起做，不但可以將頑固髒汙全部殲滅，還能讓全家穿得安心，並為環境生態的保護盡一份心力！

天然洗碗精
有效去除油脂髒汙、汗垢

適用對象：洗碗精能強效清潔油膩的碗盤，其實也很適合用在清洗衣物上的油脂類髒汙，如牛奶、醬汁、化妝品、皮脂汗垢等，且對肌膚的傷害也比較小。

使用訣竅：清除汙漬時，可先塗抹適當的量再刷洗，也可用來刷洗衣領、腋下、褲腳等重點部位，水一沖就很容易洗乾淨；或者是拿來浸泡清洗質料輕薄的衣物，如絲襪、薄內搭褲。

冷洗精
搭配浸泡搓揉效果加倍

適用對象：冷洗精是市面上最常見的中性手洗劑，適合清洗輕柔或只能手洗的衣物，特別是內衣褲。特性是作用溫和，不傷皮膚及衣料。

使用訣竅：將冷洗精倒入水中後，放入衣物浸泡約10～25分鐘，若想加強效果，可按壓、搓揉、輕刷後洗淨晾乾。

柔軟精

貼身衣物不可使用，洗衣最後程序加入

適用對象：加入適當的量能夠讓衣服變得更蓬鬆，尤其可以讓毛衣、針織衫等的衣物纖維免於硬化，穿起來更柔順、舒服。

使用訣竅：取適當的量，在洗衣的最後一道清洗程序加入。不能與洗衣粉同時使用，也不能使用於貼身衣物。

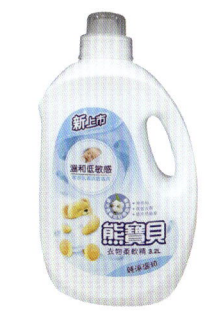

水晶洗衣皂

最適合清洗貼身衣物或棉、麻質衣物

適用對象：能在不傷衣料的形況下，有效清洗貼身衣物、棉質、麻材質衣物。

使用訣竅：水晶肥皂的特色是無毒環保，主要成分為天然油脂、氫氧化鈉、精油。如有含茶樹或薰衣草精油的手工皂，還能抗菌防塵蟎，並清除黃斑汙漬。

天然的尚好！自己做水晶肥皂水

材料：小塊水晶肥皂、超過攝氏60度的熱水
工具：刨絲刀、杯子、攪拌棒

❶ 將水晶肥皂刨成絲

為使水晶肥皂在水中快速溶解，拿刨刀將其刨成絲狀，放進杯中。

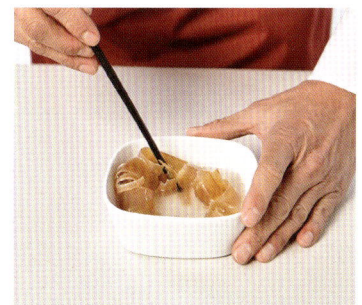

❷ 倒入熱水溶解拌勻

在杯中混和肥皂絲與熱水，攪拌均勻製作成肥皂液。

> 洗衣精

易溶解好沖洗，去汙力溫和

適用對象：足夠應付日常衣物的髒汙，優點是容易溶解，簡單就能沖洗掉，成分偏中性，溫和不傷衣料。不太能處理嚴重汙漬，但只要先做好局部預處理，就能用洗衣精機洗清除乾淨。

使用訣竅：要注意用量，雖然不必擔心溶解不完全，但還是要配合衣物量，照包裝上的說明使用，倒太多或太少都會影響清潔功效。

> 洗衣粉

種類多元，無磷、酵素、濃縮型各有優劣

適用對象：建議用在要機洗較髒或大量的衣物時，若要局部處理髒汙，可直接取適量倒在汙漬處加水刷洗，洗衣粉中含有界面活性劑，除汙的效果佳。目前市售洗衣粉可分為：無磷、酵素、濃縮型等，可按照下表，選用適合種類。

使用訣竅：洗衣粉如果溶解不完全就會殘留在衣物上造成過敏，因此要特別注意。建議可以在倒入洗衣機前，先在另一個容器裡加水，讓其均勻溶解後再使用。

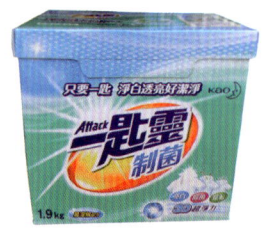

洗衣粉種類介紹

類型	主要特色	優點
無磷洗衣粉	屬於「環保洗衣粉」，不含磷酸鹽類成分。	磷酸鹽類若流入河川湖泊，會造成藻類大量繁殖，形成水質優氧化，但無磷洗衣粉可以避免此狀況發生，並且有效保護環境生態！
酵素洗衣粉	能分解衣物上「生物類汙漬」，比如汗垢、血跡、體液等。	容易沖洗不易殘留，且由於是以生物酵素代替介面活性劑，所以即使殘留也不傷身，能夠去汙又安全。
濃縮洗衣粉	又稱「經濟洗衣粉」，可以節省開銷，且少量就能洗淨衣物。	濃度為一般洗衣粉的 4 倍，因此用量要仔細拿捏，少量就有洗淨力，使用時必須照產品規定，否則容易有殘留問題。

汙漬剋星來了
面對不同種類的汙漬不用怕

7 種去汙劑大集合！

處理衣物較髒的部位，或意外造成的汙漬時，務必先做局部預處理，選用適合的去汙劑、不傷肌膚的洗法。千萬不要再拿醫院用來消毒的漂白水洗衣服喔！

含氧漂白粉
加熱水釋放氧，漂白效力強

適用對象：市面上販售的漂白劑分成「含氧漂白粉」和「含氯漂白水」2種，前者不會傷衣料，適用於淺色衣物和花色衣物；後者因具有較強烈的侵蝕性和嗆味，適合用來清洗地板！

使用訣竅：若為局部去汙，可先撒在汙漬處，再沖點熱水等40分鐘，讓它完全釋氧後再刷淨，將有沾有漂粉那面往內反摺，可與淺色衣物一起機洗；若要處理大面積汙漬或整件漂白，可先將漂粉倒入熱水釋氧，整件浸泡40分鐘後，再獨自機洗。

白醋
消除臭味、髒汙和黴斑

適用對象：除了可以溶解單寧酸類、果汁、油脂、黴菌斑等汙漬之外，還具有消除體臭、將衣物變軟的功能，是好用的天然去汙劑。

使用訣竅：用來去汙的方法如下：先用棉花棒沾白醋，在汙漬處拍抹，等5分鐘過去，再搭配含氧漂白粉刷洗；用來除臭的方法如下：在第2遍機洗前加1匙白醋。切記不要使用在深色衣物上，否則會造成深色衣物褪色。

小蘇打粉
除臭、去油雙重效果

適用對象：除了能清除油漬外，對於去除異味效果也很好。

使用訣竅：想要防止衣服變黃嗎？只要在洗衣的過程中加入無毒的小蘇打粉，就能輕鬆預防衣物長黃斑。萬一不小心沾到湯汁、醬汁怎麼辦？對付惱人的小汙漬，就交給萬能的小蘇打粉吧！先在汙漬處撒上一點小蘇打粉，倒入水後局部刷洗。然後等到要水洗整件衣服的時候再放洗衣劑，如此才能讓洗衣劑的起泡效果更好，並消除油臭味。

鹽巴
吸油、吸水、去殘影

適用對象：鹽巴有殺菌、吸附油水的功能，對付紅酒漬很有效；另外，也可避免汙漬擴散，滲入衣物纖維。

使用訣竅：先用水沾濕汙漬處，再拿紙巾吸乾水分，撒鹽巴等待5分鐘後，用乾淨的水沖掉。

鹽巴除了避免汙漬擴散外，其實還有其他功用。大家都有這樣的經驗，就是一失手倒入過多的洗衣粉或是洗衣精，結果清洗過程中泡沫多到滿出來。很多人會用更多的水，以及更多時間想辦法把衣服洗乾淨。其實這時候只要在泡沫上撒些鹽，就能有效消泡，不僅簡單又省錢，大家一定要學起來喔。

濃度 2% 雙氧水
漂白力最溫和

適用對象：不論想去除何種衣料材質上的汙漬，雙氧水幾乎都能用，是最溫和的漂白劑。

使用訣竅：在想要漂白的地方塗抹雙氧水前，記得要先浸泡一下衣物。

萬用去漬霸
螢光劑含量零，皮膚炎不上身

適用對象：可用來取代強酸、強鹼含量高的界面活性劑等清潔用品，專門清除沾滿咖啡、果汁、醬油等色素類汙漬的衣物。

使用訣竅：在局部噴撒後，搓揉衣物達到去汙效果，再按衣料材質決定水洗方式。

去漬油
衣物去汙專用請認明藍色罐裝

適用對象：主要用來清除鐵門黑機油汙漬，加油站就買得到，然而須特別注意，藍色罐裝才是衣物去汙專用去漬油。

使用訣竅：去漬油屬於揮發性商品，打開時會散發強烈的刺鼻味，雖然具有清除機油、柴油等油性汙漬的效果，但請不要在密閉空間使用！另外，衣物若沾到油性汙漬，記得在背面墊塊布或紙巾，避免髒汙滲透，擴大汙染。

小心買錯去漬油，避免材質受損

很多人到加油站購買去漬油，經常會買錯。通常用來清除鐵門黑機油、腳踏車鍊條黑汙會使用藍色瓶裝的去漬油。而綠色這一款，則適用於金屬、木材、塑膠、橡膠等清潔或保養。

其次，對於傢俱家飾的表面清潔也有一定的效果。可以裝入清潔液噴罐，先噴在面紙上，並且在不明顯處先試擦一下，確認不會造成材質的損害後，再開始做清潔的動作。

此外，金屬表面、烤漆的大面積清潔，也可以用上述方法進行測試後，再進行清潔的動作。

洗衣前必備！從刷洗工具到洗衣機

11 個好用又省力的洗衣法寶

洗衣用具若運用得當，不但能少用點力氣，還能即時掌控住汙漬，避免災害擴大，洗得更乾淨。有不少日用品可用在進行預處理的過程中，除了可以幫忙節省洗劑的用量，還能使衣料不受傷害。

洗衣板
適合用來刷搓較厚、耐磨衣物

使用訣竅：藉由設計成波浪狀的洗衣板表面，與衣物之間相互的摩擦、搓洗，把髒汙清出來，如果再加入少量洗劑，及運用洗衣刷刷洗，就可以洗得更乾淨。但薄柔的衣物不耐磨，因此不適用。

洗衣刷
刷毛軟硬的區分

使用訣竅：洗衣刷除了有又尖又硬的刷毛外，還有又扁又軟的。前者適合刷洗厚重衣物；後者適合刷洗較薄柔衣物。另外，如果想清出藏在長纖毛內的髒汙，就用逆毛重刷的方式；如果只是想要整理毛流，順毛輕刷即可。

舊牙刷
最佳的預處理去汙利器

使用訣竅：織法緊密或薄柔衣物若要局部去汙，適合使用刷毛較鈍的舊牙刷，對衣料的傷害不大。而若想集中刷力，建議可以整齊地剪短毛尖。另外，不想直接用手碰觸洗劑時，可多利用刷柄攪拌。

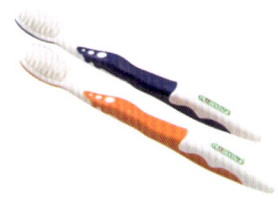

廚房紙巾

發生意外狀況時，可將汙染範圍減到最低

使用訣竅：廚房紙巾有吸力好、不會產生殘屑的優點，因此在沾到汙漬第一時間，立刻用廚房紙巾壓吸、擦乾殘漬，就能避免災害擴大，防止二度汙染。另外，使用揮發性洗劑時，也可以在汙漬背面墊張紙巾或棉布，防止滲透。

化妝棉

碰觸去汙劑時，讓手多層保護

使用訣竅：在使用酒精、去光水、去漬油等化學去汙劑時，如果直接倒，不但無法控制分量，還可能會沾到手，因此請先倒在化妝棉上，再針對局部汙漬濕敷。

棉花棒

適合處理點狀汙漬

使用訣竅：當湯汁、醬汁等汙漬不小心噴濺到衣物上時，為了不讓點狀汙漬源擴散，建議用棉花棒沾去汙劑，只針對汙染源進行個別處理，就能清除乾淨。

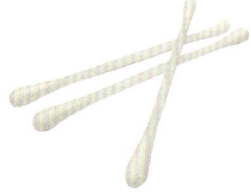

環保去汙海綿

不需洗劑也能清除油汙

使用訣竅：環保去汙海綿沾點水，就能簡單將衣物上的油脂擦拭乾淨，同時也可以清除皮革上的髒汙。

洗衣球

減少洗劑使用量，還讓衣服更乾淨

使用訣竅：在洗衣機裡丟一、兩顆洗衣球，可增加摩擦力幫助去汙，適合機洗特別髒的衣物。另外，也可以買沐浴球或將鋁箔紙捏成球狀代替之。

洗衣網袋

防扯防刮，保護衣物不受傷

適用對象：根據衣物種類的不同，要選擇不同密度、尺寸、造型的洗衣網袋。（見下表）在選購時要注意大小，不要買太小、太緊的，會擠壓到衣物水洗的空間。

使用訣竅：為了不讓衣物被刮傷，或在洗衣機裡拉扯打結，請在機洗前將衣物放進洗衣網、洗衣袋。

▲輕薄衣物用密網洗衣袋包覆

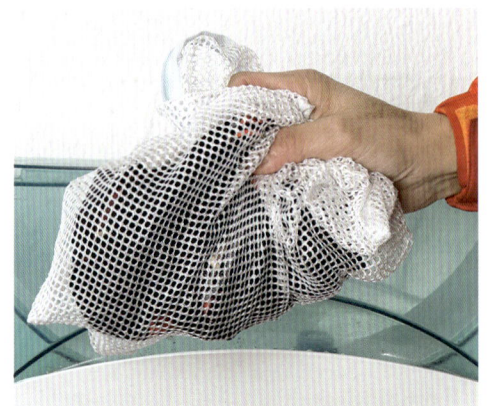
▲厚重衣物以疏網洗衣袋包覆

洗衣網袋種類介紹

	類型	特性
	密網洗衣袋	網洞比較小，適合放入內衣、內褲或織法纖細、衣料輕薄的衣物。
	疏網洗衣袋	網洞比較大，適合放入厚重衣褲、枕頭、玩偶等大物件。
	內衣球、內衣網	專門放置內衣，中間有夾片可以固定；圓筒袋的上下邊為硬棉材質，機洗時不怕擠壓。

直立洗衣機
價格便宜，但衣物容易打結

從上面打開洗衣蓋的就屬於直立洗衣機。一般人認為直立式比較省水、價位比較便宜。但直立式有一個缺點，就是衣服會打結。有些廠商會訴求不打結，可是原則上衣服一定會纏在一起，當衣服纏在一起就不容易洗乾淨。機洗靠的是拍打力，滾筒的角度很重要。而直立式因為是垂直的，受到地心引力作用，衣物一定會往滾筒底部掉，大概2到3分鐘就會全部都打結在一起，清洗到的都只有表面。

滾筒洗衣機
分為前置式及斜取式兩種

使用訣竅：滾筒洗衣機的洗衣蓋是從側面打開，其中又分「前置式」及「斜取式」，兩者的差異在於滾筒的角度，斜取式的滾筒較為向上傾斜，有的則是直接採用斜筒設計，讓拿取衣服時可以更輕鬆、方便。除此之外，兩者基本上沒有太大不同。滾筒洗衣機洗到45度角時，衣服就會往下摔，進行拍打式清洗，目的是要用力拍打及利用水的滲透力將汙漬帶出纖維，且衣物也不易打結。

洗衣機種類比較

	直立洗衣機	滾筒洗衣機
價格	便宜。	昂貴。
洗滌方式	靠旋轉力清洗。	藉由拍打力和水的滲透力清洗。
拿取方式	不好拿取衣物，須往洗衣桶向下探。	拿取衣物方便，只須蹲下即可拿出；斜取式更好拿。
潔淨度	衣服容易打結，只能清洗到表面。	不易打結，能全面清潔。

PLUS 幫洗衣機大掃除
教你洗衣機怎麼洗！

洗衣機 3 大髒汙來源，環境潮濕易養菌

談到洗衣機的清潔，就好像過年大掃除一樣，很多人久久才清洗一次，或者根本沒洗過。清洗洗衣機的觀念，大約從 3、4 年前開始，以前根本沒有人會想清洗洗衣機，但其實洗衣機非常髒，菌數也非常多。洗衣機會變髒的來源主要有 3 個。

1. 洗衣劑殘留：

一般人在使用洗劑時都會不自覺多加。而且因為洗劑廠商怕衣服洗不乾淨，消費者會投訴，因此標示的量都會比正常值還要多。

2. 衣服汙垢積槽底：

由於價格便宜，現在台灣大概七成左右還是使用直立洗衣機，而洗出來的衣服汙垢都落在洗衣槽底部。

3. 柔軟劑阻塞：

大部分的人使用柔軟劑時只會多加，因為便宜，而且也怕量太少會沒有效果，可是當加太多，累積久了會變成泥狀，堵住排水管排不出去。

另外要注意的是，洗完衣服千萬別把洗衣蓋蓋起來，大部分的人習慣衣服洗完後將洗衣機蓋關起來，怕有灰塵。但這個觀念是錯的。關起來後洗衣機內會更悶，加上濕度高，容易孳長細菌。

洗衣機的乾淨清掃術，不再讓衣服越洗越髒

一般清洗洗衣機的方式分2種，一種是自己動手清潔，另一種則要請專人拆洗。如果買回來後一直都沒有保養過，或是超過2年沒洗過，建議請專門保養洗衣機的人處理；如果之前就有習慣定期清洗，或是洗衣機比較新，建議大概一個月或一個半月洗一次即可。

去垢鹽浸泡12小時

想要自己動手清洗衣機，可以去賣場購買專門清洗洗衣機的藥品──去垢鹽。買回來後先將洗衣機的水槽裝滿水，然後把去垢鹽丟進洗衣機裡靜置。一般廠商標示浸泡時間為4小時，但建議泡12小時，去垢鹽並不會傷害洗衣槽內層，所以泡久一點沒關係。泡完之後，讓它獨立空轉、空洗兩次，也就是跑完一次洗清流程後，再重複跑一次相同流程，洗衣機會比較乾淨。

過碳酸鈉清潔法

如果買不到或是不想去買去垢鹽，其實還可以用SPC（過碳酸鈉）替代，在化工行就能買到。SPC其實和泡衣服的增豔漂白劑有點像，但化工行買的純度比較高，潔淨力相對比較好。使用方式和去垢鹽一樣，就讓它浸泡一整晚，並洗清2次即可。

滾筒洗衣機空轉清洗

有些人會擔心滾筒洗衣機沒辦法將水裝滿，有些地方會清潔不到，但其實不用擔心，和直立洗衣機一樣，髒的部分都在最底部。一般只要不關掉電源、按下暫停鍵，洗衣機裡的水就不會排掉。因此倒入水和藥劑後，讓它沉澱在底部，靜置12小時，約一整晚的時間等藥劑分解，隔天再以正常的洗衣流程空洗兩次。

PART 2

最怕遇到也最難洗淨的
衣物髒汙處理法大公開

天啊！衣服不小心弄髒了怎麼辦？
別擔心！洗衣達人帶你瞭解汙漬種類及去漬原理，
用最天然的方法讓你心愛的衣服重生，遇到再難處理的汙漬也不怕！

生活中常見的 4 大汙漬種類

蛋白質類・單寧酸類・油脂類・其他類

日常生活中容易碰到的汙漬大致上可分4種，分別為蛋白質、單寧酸、油脂、其他特殊汙漬。根據不同種類的汙漬，處理的重點及方法也不同，若能掌握清楚，下次就算不小心碰到汙漬也不用擔心，再也不用丟掉心愛的衣服！

❶ 蛋白質類

生活裡最常接觸到這類汙漬的，多為無形中累積，例如血漬、口水、尿液等。在處理蛋白質類汙漬時，切記不能用溫熱水洗滌。因為蛋白質怕高溫，遇熱就會凝固，更難清除。建議可去賣日系商品的商店購買酵素洗劑，利用酵素分解蛋白質。假設沾到血跡，只要加入酵素洗劑靜置30～40分鐘，再去刷洗它即可。不過酵素洗劑不好買，本章會教你用超簡單的方式清潔蛋白質汙漬。

❷ 單寧酸類

一般單寧酸類汙漬多為水溶性，例如果汁、紅酒或是含奶咖啡。這類汙漬有些會含有少數油漬，遇到時可以先用一點洗碗精破除油漬，之後再利用含氧漂白劑去除單寧酸。使用含氧漂白劑時，需敷上一點熱水。含氧漂白劑分成液態與粉狀。建議可使用粉狀，因為分解速度比較慢，如果速度太快，有時候可能還沒分解完就失效了。另外，含氧漂白劑還具有很強大的殺菌能力喔！

❸ 油脂類

油脂類汙漬多屬於油溶性，例如食物油漬、人體產生的油脂等，一般會累積在袖口、領子。市面上其實買不到去油脂的洗劑，所以用洗碗精替代就可以了。洗碗精裡的界面活性劑可以分解大部分的油脂。通常加入洗碗精後建議靜置20分鐘再刷洗，刷洗完後再放進洗衣機洗滌。如果洗了一、兩次還是洗不掉，建議可送去乾洗店，用專業的方式清洗。

❹ 其他類

這類多為特殊汙漬，較沒有統一規則可循，須根據沾到的汙漬找方法。例如：衣服不小心碰到衣架上鐵鏽而泛黃，就要針對鐵鏽進行去汙。不嚴重的，可以拿檸檬切片塗抹；情況嚴重的話，就要到化工行買去鏽水。

蛋白質類 1

最怕遇到也最難洗淨的衣物髒汙處理法大公開

送洗費用：約每件180元

血漬・尿液

去汙工具
- 2% 雙氧水
- 棉花棒
- 水晶肥皂水
- 舊牙刷
- 蘿蔔片

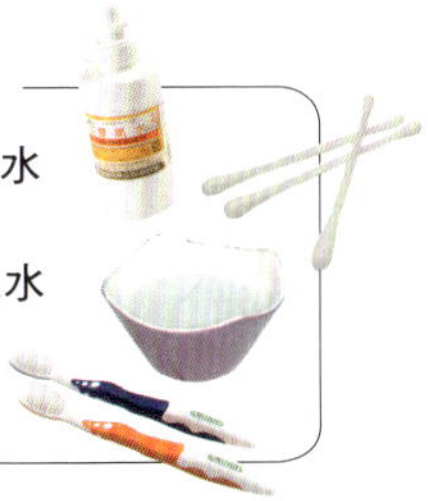

- 沾染血跡、月經、遺尿等生理汙漬，可用雙氧水處理。

千萬別用熱水
用冷水、雙氧水加白蘿蔔片

衣服剛沾到血液時，用大量清水就能沖掉；但如果已經乾掉，就要先用冷水擦拭，絕對不能用熱水，因為血液中的蛋白質遇熱就會凝固、更難清除。沉積較久的血漬或尿液，可以用紗布沾稀釋的雙氧水消除。另外，也可以將白蘿蔔切片在血漬處擦拭。（白蘿蔔能分解血液）

STEP BY STEP

1 用蘿蔔汁清除
剛附著的血漬，用蘿蔔塊搓揉，或大量沖洗冷水都能清除。乾血漬可先靜置在冷水30分鐘。

2 肥皂水局部刷洗
拿牙刷沾點肥皂水做局部去汙，刷洗時有起泡沫，就表示正在分解血漬。

3 雙氧水去除殘影
可塗抹2%雙氧水在血漬的殘影處，靜置10分鐘。

4 投入機洗
丟進洗衣機，加入冷水、洗劑以一般程序清洗，就能完全清除血漬。

洗滌小知識 「酵素洗滌劑」專為生理汙漬設計的產品

市面上有兩項產品能分解蛋白質汙漬，一個是清除女性生理類汙漬專用的洗滌劑，另一個是酵素洗衣劑，兩者對於沾到人體或寵物產生的血液、尿漬等，都有極佳的清潔功效。

1 單寧酸類

最怕遇到也最難洗淨的衣物髒汙處理法大公開

送洗費用：約每件180元

汗漬・口水

● 汗漬、口水若沒有快點清除，容易產生異味且造成褪色。

去汙工具
- 天然洗碗精
- 水晶肥皂水
- 含氧漂白粉
- 舊牙刷

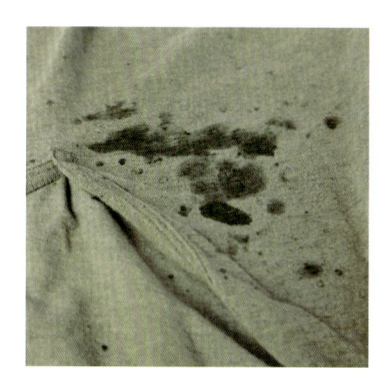

洗碗精去漬
白醋消除臭味

汗漬乾掉後會留下白色痕跡，若放著不處理還會造成褪色；而衣服沾到口水，則要用大量清水沖洗，並趕快丟洗衣機清洗。另外，濕口水會有阿摩尼亞臭味，若情況嚴重，可以在機洗時加一匙的白醋，但只適用於淺色衣物。

STEP BY STEP

1 倒入洗碗精靜置
在沾到汙漬的地方，倒入洗碗精，等待20分鐘。

2 肥皂水局部刷洗
用沾滿肥皂水的牙刷刷毛，刷洗沾到汙漬處。

3 加入含氧漂白粉
撒上約一瓶蓋的含氧漂白粉，再從外圍往中心倒入約攝氏50度的溫熱水，等待40分鐘。

4 投入機洗
將衣物丟進洗衣機，使用冷水、洗劑以一般程序清洗、脫水，就能清洗乾淨。

洗滌小知識　異味太重可加「白醋」，但僅限淺色衣物

若已照上面的步驟洗過一遍後，還殘留有明顯的汗漬、口水臭味，那麼可在機洗第二遍前，加一湯匙的白醋。此為淺色衣物專用，不宜用在深色衣物，否則會造成褪色。

單寧酸類 2

最怕遇到也最難洗淨的衣物髒汙處理法大公開

咖啡

送洗費用：約每件180元

- 咖啡撒到衣服上時，趕快用紙巾吸收咖啡液。

去汙工具
- 紙巾
- 天然洗碗精
- 水晶肥皂水
- 含氧漂白粉
- 舊牙刷

洗碗精去奶漬 再敷含氧漂白劑

咖啡大致上可分兩種，一種是含奶（牛奶或奶精）的拿鐵，另一種是不含奶的黑咖啡，因此在處理上會有些微差異。加奶的咖啡中含有奶類蛋白質，因此要先塗抹洗碗精去除，之後再用肥皂水、含氧漂白劑清洗。

STEP BY STEP

1 紙巾吸乾咖啡液
用紙巾吸乾殘液，含奶咖啡要抹洗碗精去蛋白質，並靜置10分鐘。黑咖啡可跳過此步驟。

2 肥皂水局部刷洗
拿沾滿肥皂水的牙刷，刷洗汙漬處。

3 加入含氧漂白粉
先撒含氧漂白粉在汙漬處，為加速釋氧，大量倒入攝氏60度的熱水，等待40分鐘。

4 投入機洗
丟進洗衣機前，把有漂白劑的那面向內摺，之後以一般程序清洗即可。可與淺色衣物一起機洗。

洗滌小知識「小蘇打粉」清除殘留的咖啡味

衣物上的咖啡味若沒洗掉，可以撒一點小蘇打粉在汙漬處，等待15分鐘後，拿牙刷刷洗。最後丟進洗衣機，加入冷水、洗衣粉以一般程序清洗，就能去除味道。

單寧酸類 3

最怕遇到也最難洗淨的衣物髒汙處理法大公開

茶類

送洗費用：約每件 180 元

- 衣物若滴到茶類飲料，盡快用紙巾吸乾，切勿用肥皂水。

去汙工具
- 紙巾
- 天然洗碗精
- 牙刷
- 含氧漂白粉

單寧酸類用熱水清洗

清除茶漬建議用清水大量沖洗，如果是熱水成效會更好，切勿用肥皂清洗，因為茶屬於單寧酸類汙漬，會在衣服留下痕跡。若是羊毛、蠶絲類衣物上的茶漬，就只能用冷水清洗。雖然蠶絲碰水會失去光澤，不過沒有其他處理方法。

STEP BY STEP

1 紙巾吸乾殘液
倒入洗碗精前，先盡快用紙巾吸起大部分的茶漬，之後再以大量熱水沖掉。

2 用牙刷做局部刷洗
在倒了洗碗精的汙漬處，用沾水的牙刷刷洗。

3 加入含氧漂白粉
拿熱水倒在撒含氧漂白粉的汙漬處，等10分鐘釋氧。若汙漬面積大，可用一盆熱水加含氧漂白劑泡1小時。

4 溫水機洗
先把衣物上有漂白劑的那面向內摺，之後加入溫水、洗劑以一般程序清洗即可。可與淺色衣物一起機洗。

洗滌小知識 沾到「奶茶」要用冷水清洗！

衣物上的奶茶若碰到溫熱的水，會留下蛋白質汙漬，因此奶類在洗滌時應用冷水。另外，2%雙氧水可清除羊毛、蠶絲上的茶汙漬！將衣物泡在裝滿冷水的水盆中，水量高於衣物，加入50CC的2%雙氧水靜置30分鐘。可擰乾、晾曬，但勿搓揉，以免傷纖維。

單寧酸類 4

最怕遇到也最難洗淨的衣物髒汙處理法大公開

果汁

送洗費用：約每件180元

- 白醋可以用來去除果汁汙漬。

去汙工具
- 紙巾
- 棉花棒
- 白醋
- 含氧漂白粉

紙巾吸殘液 再用白醋分解

通常衣物若沾到液體，第一時間要盡快拿紙巾吸乾殘液，避免滲透進纖維變成斑點，或擴大汙染面積，沾到果汁也一樣。另外，果汁內可能含有果粒，因此將殘液吸乾後，要立刻用冷水沖洗，並抹上白醋分解它。

STEP BY STEP

1 紙巾吸乾果汁
盡快用紙巾擦乾，沖大量冷水後拿抹布吸乾。等汙漬變淡，用沾白醋的棉花棒拍抹汙漬，等5分鐘分解髒汙。

2 含氧漂白粉加熱水釋氧
若還是無法去除乾淨，可撒一瓶蓋的含氧漂白粉，再倒入攝氏60度的熱水於髒汙處。

3 或調製含氧漂白劑泡40分鐘
在裝滿攝氏60度熱水的水盆中，加入含氧漂白粉攪勻後，再將整件衣物浸泡40分鐘。

4 機洗
加入冷水、洗劑以一般程序清洗；可和淺色衣服一起機洗。

洗滌小知識：不能水洗的衣料滴到果汁怎麼辦？

羊毛衫和合成纖維布料若沾到果汁都不能水洗，但是前者可以用稀釋後的氨水，擦拭汙漬處；後者則可用檸檬汁擦拭，但需要在汙漬背面墊一塊吸水布。

PART 2

47

單寧酸類 5

最怕遇到也最難洗淨的
衣物髒汙處理法大公開

紅酒

送洗費用：約每件180元

- 若衣服剛沾到紅酒，盡快先用紙巾擦乾。

去汙工具
- 紙巾
- 白醋
- 棉花棒
- 酒精
- 鹽巴
- 含氧漂白粉

酒精類產品最有效
含氧漂白劑去殘漬

衣服沾到紅酒，一定要馬上處理，因為酒類如果滲入衣物纖維，就不好清洗。第一時間盡快用紙巾吸起多餘的酒液，再沖大量熱水，另外，如果手邊有酒精、去光水等含酒精類的產品，就能夠有效清除汙漬。用熱水沖洗後，若還留有殘漬，可在上面塗抹酒精或含氧漂白劑，再放入清水中洗淨；若汙漬面積大，建議先製作一盆含氧漂白水，將衣物浸泡後再水洗，就能完全去漬。

STEP BY STEP

1 紙巾吸乾紅酒液

衣服不小心沾到紅酒，需立刻用紙巾或棉布吸乾酒液，並在汙漬處沖洗大量熱水。

STEP BY STEP

2 用大量熱水沖洗
在紅酒漬處大量沖熱水，清除大部分汙漬，後續的清洗會比較容易。

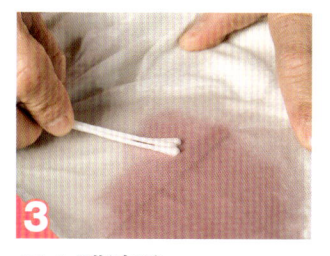

3 用白醋清除
將棉花棒沾滿白醋後，塗抹在汙漬處，以去除強烈的酒味。

4 由外向內擦拭酒精
在汙漬處抹上酒精，拿棉花棒由外緣往中心擦拭，接著沖洗清水。

5 撒鹽巴靜置再沖水
衣物上若還有殘漬，可沾濕汙漬處，拿紙巾吸乾水分後，撒下鹽巴等待5分鐘，再用清水沖洗。

6 撒含氧漂白劑
若還有殘留，可在汙漬處撒含氧漂白粉，再以溫水清洗；如汙漬面積大，可將整件浸泡在含氧漂白水中，等待40分鐘。

7 投入機洗
不須裝入洗衣網袋，要將沾有汙漬那面往內包，加入冷水、洗衣粉以一般程序清洗。可與淺色衣物一起機洗。

洗滌小知識　鹽巴為什麼可以清除紅酒殘漬？

鹽巴吸水力強，可吸乾紅酒中的水分，之後再用紙巾或棉布輕拭乾淨。記得在擦拭時，切勿太過大力，否則紅酒的色素會緊緊地嵌入纖維中，清除不掉！

單寧酸類 6

最怕遇到也最難洗淨的衣物髒汙處理法大公開

香水

送洗費用：約每件180元

- 若不快點清除，殘留的香水會在衣服形成黃斑。

去汙工具
- 天然洗碗精
- 水晶肥皂水
- 牙刷
- 含氧漂白粉

香水殘留會生黃斑 最好每天換洗

若有噴香水的習慣，建議每天都要換洗衣物。香水雖然無色，沾到衣服也看不出來，但過幾天後就會氧化變成黃斑。處理淺色衣物時，要用洗碗精、含氧漂白粉清洗；處理深色或衣料較薄的衣物時，則要用小蘇打水去汙。

STEP BY STEP

1 抹洗碗精 靜置5分鐘
在香水漬上塗抹洗碗精去汙，靜置5分鐘。

2 牙刷沾肥皂水 刷洗香水漬
用沾滿肥皂水的牙刷刷洗汙漬處。

3 含氧漂白粉 加熱水釋氧
若還有殘留，可倒一瓶蓋量的含氧漂白粉，以攝氏40～50度的溫熱水沖洗後，再靜置40分鐘。

4 機洗
丟洗衣機前，先把衣物上含有漂白劑的那面向內摺，之後再以一般程序機洗。

洗滌小知識｜深色、質薄衣物要用小蘇打水清除汙漬

如果用含氧漂白粉處理深色衣物或質料較薄的衣料，可能會造成衣物褪色，因此不適合。可以改用小蘇打水來去除衣服上的香水漬。

PART 2

1 油脂類

最怕遇到也最難洗淨的衣物髒汙處理法大公開

送洗費用：約每件 **180** 元

食物醬汁

- 用洗碗精去除食物油脂類汙漬，是最方便、乾淨的方式。

去汙工具
- 紙巾
- 天然洗碗精
- 小蘇打
- 舊牙刷
- 含氧漂白粉

用洗碗精清洗前要先清乾殘餘醬料

切記在洗前，一定要先把殘餘醬料清除乾淨。另外，有些洗衣精、洗衣粉不一定能將屬於油脂類汙漬的食物醬汁完全洗掉；反倒是廚房中一定會有的洗碗精或小蘇打，能夠有效去除油汙。

STEP BY STEP

1 墊布在汙漬背面
拿一塊布墊在汙漬背面，把醬汁用紙巾或棉布從衣物上刮掉，不要用擦的，會擴大汙染範圍。

2 用小蘇打吸油
在汙漬處撒上小蘇打粉後，加點水放置5分鐘，拿牙刷將粉刷成糊狀後再放20分鐘，以達到吸油效果。

3 塗洗碗精再機洗
倒入洗碗精等20分鐘，用60度溫熱水刷洗髒汙處，再丟進洗衣機，加入冷水、洗劑洗滌。

4 浸泡含氧漂白粉
若汙漬面積大或淺色衣物，可將一瓶蓋含氧漂白粉加入裝滿60度溫水的水盆，拌勻後泡40分鐘再機洗。

洗滌小知識 **面對油性汙漬，淺色、深色衣物處理方式不同**

醬汁的成分通常含有色素、醬油、黑醋，若沾到衣服上，可能會留下色漬，即使是深色衣服也不例外，還是能看出顏色差異。建議深色衣物用糊狀的小蘇打清除油漬和味道；淺色衣物則以增艷漂白水或含氧漂白粉，局部漂白20分鐘。

油脂類 **2** 最怕遇到也最難洗淨的衣物髒汙處理法大公開

送洗費用：約每件180元

粉底・口紅

- 衣領處容易沾到粉底，想有效清除可用洗碗精。

去汙工具
- 紙巾
- 舊牙刷
- 天然洗碗精
- 水晶肥皂水

油性化妝品用洗碗精或卸妝油清除

油性化妝品如粉底、防曬乳、口紅、唇蜜等多屬於油性汙漬，如果沒有立即清除就會產生黃斑。其實，只要在汙漬處加一點洗碗精刷洗，或者沾點卸妝油輕輕搓揉再沖水，就能輕鬆去汙。

STEP BY STEP

1 清除粉底殘屑
拿紙巾抓起殘留的粉底屑，避免汙染源擴大。

2 倒洗碗精靜置5分鐘
將洗碗精塗抹在汙漬處，等待5分鐘。

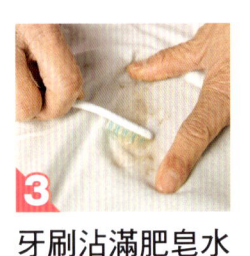

3 牙刷沾滿肥皂水刷洗
拿沾滿肥皂水的牙刷輕刷髒汙處，再沖洗攝氏30～40度的溫水。

4 機洗
將衣物丟進洗衣機，用冷水、洗劑以一般程序清洗。襯衫則要裝入洗衣網袋保護。

洗滌小知識 沾到口紅漬，可用酒精去除

剛沾到口紅的衣服，建議要馬上以酒精擦拭，搓洗並用溫水洗淨；如果還無法完全清除掉，可以按照上述的方式用洗碗精融解污漬之後重新刷洗一遍，就能有效去除衣服上的口紅漬。

油脂類 3 最怕遇到也最難洗淨的衣物髒汙處理法大公開

機油

送洗費用：約每件220元

- 最常沾到機油的地方為褲管、褲腳或包包。

去汙工具
- 湯匙
- 紙巾
- 小蘇打粉
- 天然洗碗精
- 舊牙刷

墊紙巾後用小蘇打吸油

只要走在馬路上就有可能沾到機油，尤其是騎士、修車師傅，或機械相關工作者最常沾到。建議不要與其他衣物混洗，可先用小蘇打粉吸油，再用洗碗精刷洗，最後單獨機洗。

STEP BY STEP

1 墊一塊布在背面刮掉機油
為避免汙漬擴散，先用布或紙巾墊在髒汙處背面，然後拿湯匙清除大部分油漬。

2 撒小蘇打吸油靜置30分鐘
將小蘇打粉倒在汙漬處，噴一點水讓其呈現糊狀，等待30分鐘。

3 刷完擦掉小蘇打
拿牙刷來回刷洗，等糊狀的小蘇打乾掉，再將吸滿油汙的小蘇打用乾布擦掉。

4 用洗碗精刷洗後機洗
將洗碗精倒在殘汙上，刷洗後單獨機洗，加冷水、洗劑以一般程序清洗。

洗滌小知識　藍色罐裝的「衣物去漬油」可在加油站買

「藍色」罐裝才是衣物專用，「綠色」是電器專用。若油汙還沒有清除，可用沾了「衣物去漬油」的化妝棉輕擦，以清水沖乾淨再單獨機洗。另外，一定要在通風處使用去漬油，並先於衣角進行褪色檢測。

其他類 1

最怕遇到也最難洗淨的衣物髒汙處理法大公開

送洗費用：約每件240元

發黃・黃斑

- 沒有當日清洗的衣物，很容易產生黃斑。

去汙工具
- 天然洗碗精
- 水晶肥皂水
- 含氧漂白粉
- 舊牙刷

泡含氧漂白粉可去大量黃斑

髒汙附著過久，或是沒洗乾淨直接收入衣櫥，會氧化變黃。衣物黃斑可用洗碗精處理；若想一次清除大量黃斑，可將一個半瓶蓋的含氧漂白粉，倒入裝50度溫水的臉盆中，水量蓋過衣物，泡1小時以上再機洗。但不適用於深色衣物。

STEP BY STEP

1 倒洗碗精靜置20分鐘
倒洗碗精在黃斑處，等20分鐘。帽子前沿內側也是容易發黃的地方。

2 用肥皂水刷洗
用沾滿肥皂水的牙刷刷洗黃斑處。

3 加入含氧漂白劑
撒一瓶蓋的含氧漂白粉在黃斑處，從外圍往中心倒入溫熱水，約攝氏50度，等40分鐘。

4 機洗
加入冷水、洗劑以一般程序清洗、短程脫水。網帽在機洗前要先放入洗衣網袋保護。

洗滌小知識　也可用「假牙清潔錠」除黃斑！

假牙清潔錠能清潔假牙，還能除去黃斑，因為其中酵素、過硼酸鈉的活性氧有漂白作用。可放一顆假牙清潔錠在黃斑處，以攝氏50～60度的溫熱水沖洗，靜置10～15分鐘再用清水洗淨。

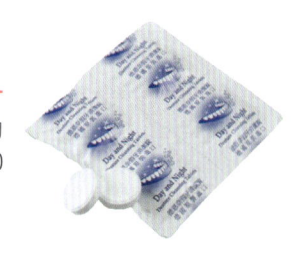

其他類 2　最怕遇到也最難洗淨的衣物髒汙處理法大公開　送洗費用：約每件240元

發霉・黑斑

去汙工具
- 過錳酸鉀
- 草酸

- 為避免攜帶很多汙菌的發霉衣物二度汙染，一定要個別處理。

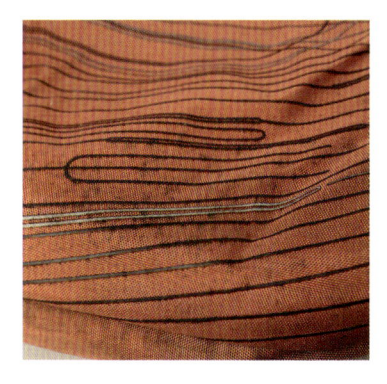

厚衣用過錳酸鉀加熱水可除霉

黴斑是造成過敏的兇手，通常是因衣服收在潮濕環境中，沒有定期除濕。過錳酸鉀可除霉，但僅限較厚耐磨的布料，麻紗類則會被侵蝕、造成破損。由於效力強，所以量要在一湯匙內，倒入熱水後不可泡超過10分鐘。過程中要避免直接觸碰藥劑。

STEP BY STEP

1 過錳酸鉀加熱水
加一湯匙量的過錳酸鉀在裝滿攝氏60度熱水的臉盆中，攪拌均勻，水量要蓋過衣物。

2 泡藥劑10分鐘
將發霉衣物泡入藥劑中，等待10分鐘後用免洗筷取出。若物件不大可視情況縮短時間。

3 靜置於空氣中
為了讓過錳酸鉀氧化，取出衣物後靜置10分鐘，物品顏色會從紫色變為咖啡色。

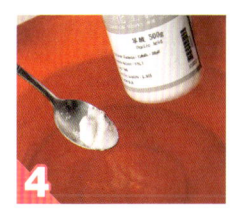

4 草酸倒入熱水中
將衣物浸泡在加了一湯匙草酸的60度熱水中，10分鐘後取出，用清水沖洗後晾曬。

洗滌小知識　沾到檳榔汁也能用「草酸」對付

檳榔汁可用草酸去除，白衣沾到也不怕。化工行有販售，500g約85元。先準備一小匙草酸及一盆溫熱水，水量約草酸的5倍，用草酸溶液泡衣物5分鐘，等分解完檳榔汁後，以清水沖洗。

其他類 **3** 最怕遇到也最難洗淨的衣物髒汙處理法大公開

口香糖

送洗費用：約每件220元

去汙工具
- 冰塊
- 天然洗碗精
- 酒精

- 用冰塊冰鎮一下黏到口香糖的褲子，就能去除。

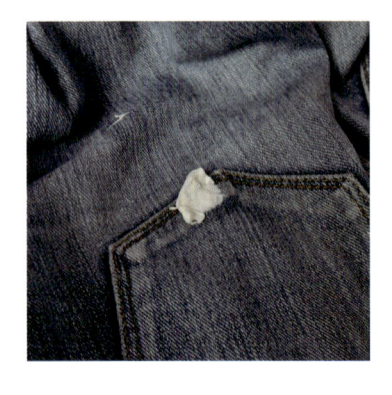

冰鎮殘膠可剝除
用洗碗精清除油脂

衣服褲子若沾到口香糖，可以用冰塊冰鎮殘膠，或將衣物放進冷凍庫，就能輕易去掉。千萬不要擠壓它，否則黏性會深入纖維，清除不掉；而口香糖中的糖分和油脂，可用洗碗精進行預處理，再用冷水、洗劑機洗。

STEP BY STEP

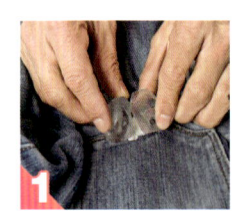

1 放進冰箱或放上冰塊冰鎮
將沾到口香糖的衣物放入冷凍庫2小時，大型物件可在上面放冰塊，冰鎮到黏膠硬化。

2 將口香糖剝除
黏膠硬化後就能輕易用手剝掉或用湯匙刮掉，殘渣用酒精擦拭即可。口香糖會殘留糖分，可倒洗碗精刷洗。

3 或將口香糖部位靜置水中
也可以用塑膠袋裝水，將口香糖泡在水中放冷凍庫一晚，取出後再清除。

4 翻面後再機洗
放入洗衣機前，要先將褲子翻面，加入冷水、洗劑以一般程序清洗。

洗滌小知識　怎麼清洗沾到黏性液體的衣物？

若衣物沾到有糖分、黏性的食物，如蜂蜜、糖漿、麥芽醬等時，可用大量清水沖洗，先稀釋糖分；之後在汙漬處倒洗碗精，加水搓揉洗淨，就能完全去除黏性和糖分。

其他類 4

最怕遇到也最難洗淨的衣物髒汙處理法大公開

睫毛膏

送洗費用：約每件180元

- 衣服上的睫毛膏可用去光水清除，但不適用於醋酸纖維衣料。

去汙工具
- 天然洗碗精
- 去光水
- 水晶肥皂水
- 舊牙刷

使用去光水前請確認衣料

清除睫毛膏的步驟如下：首先用洗碗精洗去大部分汙漬，剩下難纏的色素則以去光水擦拭。由於睫毛膏中含有顏料，所以可用去光水清除，但是不能用在醋酸纖維、三醋酸纖維布料製成的衣物，使用前請檢查材質標籤。

STEP BY STEP

1 墊一塊布在汙漬背面
為防止在處理過程中會擴大汙染，請墊布在汙漬背面。

2 倒入洗碗精抹勻
均勻塗抹洗碗精於汙漬處，抹的時候不要漏掉邊緣，等待5分鐘。

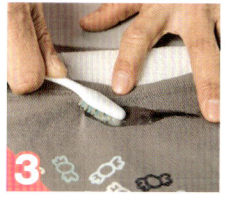

3 沾肥皂水刷洗
拿沾滿肥皂水的牙刷輕刷髒汙處，再用攝氏30～40度的溫水沖洗。

4 去光水拭去殘影
若還留有睫毛膏，可用去光水擦拭，沖水後丟洗衣機，加入冷水、洗劑以一般程序清洗。

洗滌小知識　衣服上的指甲油也可用去光水清除

指甲油若意外沾到衣服上，也能用去光水對付。但在清洗前要先確認，指甲油內是否含有亮粉、亮片，若有則要先以湯匙刮除，再依照上面的清潔方法去汙。

其他類 **5**　最怕遇到也最難洗淨的衣物髒汙處理法大公開

送洗費用：約每件 **180** 元

染髮劑

- 衣物、踏墊沾到染髮劑的機率，隨著自助染髮的盛行提高不少。

去汙工具
- 天然洗碗精
- 水晶肥皂水
- 含氧漂白粉
- 舊牙刷

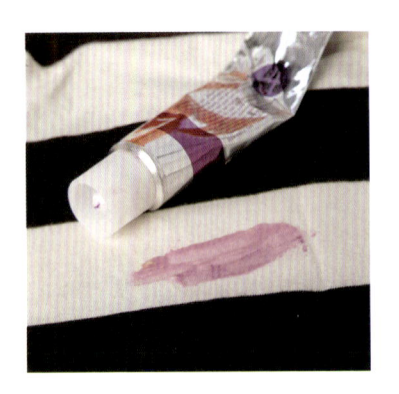

用洗碗精去汙
含氧漂白粉去殘影

衣物沾到染髮劑時，要盡快清洗，因為它是一種染色劑，一旦沒有及時處理就可能會形成永久汙漬，所以應盡快用洗碗精或泡肥皂水清除，若還留有殘影，淺色衣物可用含氧漂白粉去除乾淨。

STEP BY STEP

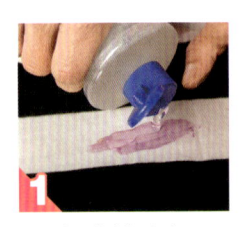

1 用洗碗精去汙
將洗碗精倒在沾到染髮劑的地方，等待5分鐘。

2 用牙刷刷洗
若汙漬面積大，建議刷洗前先泡在肥皂水1小時；若汙漬面積小，則要集中力量，拿牙刷刷洗即可。

3 含氧漂白劑去殘影
若有殘留，倒一瓶蓋的含氧漂白粉，以攝氏40～50度溫熱水沖洗，再靜置40分鐘。

4 機洗
將衣物丟進洗衣機，加入冷水、洗劑以一般程序清洗。

洗滌小知識　染髮劑也能用「酵素洗衣粉」去除

若汙染面積大，可先用酵素洗衣粉搓洗一遍，再浸泡到有酵素洗衣粉的水盆中一個晚上，隔日再以清水沖洗。如果想讓清除效果更好，可在浸泡前先去除部分汙漬。

其他類 6

最怕遇到也最難洗淨的衣物髒汙處理法大公開

送洗費用：約每件180元

立可白‧油漆

- 松香水可將水性泥漆汙漬清除。

去汙工具
- 棉花棒
- 松香水
- 湯匙
- 天然洗碗精
- 舊牙刷

剛沾到用洗碗精
乾掉用松香水去漬

水性泥漆類汙漬，如立可白、油漆等，只要立刻處理，都可以直接用洗碗精刷洗乾淨；如果汙漬已經乾掉，或是沾到屬於金屬性的油漆，則要在乾掉的污漬上塗抹松香水，才有辦法徹底清除衣服上殘留汙漬。

STEP BY STEP

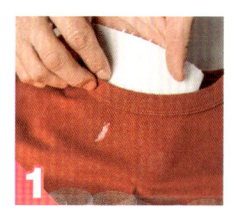

1 墊一塊布在汙漬背面
去汙時會溶出汙漬，為避免汙染擴大，要先在汙漬背面墊一塊布。

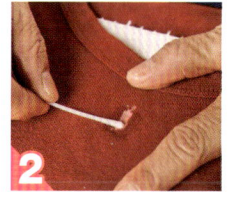

2 塗抹松香水
拿沾滿松香水的棉花棒，從汙漬外圍往中心內擦拭。

3 用洗碗精刷洗
在汙漬處塗抹洗碗精，等待5分鐘後，再用沾水的牙刷刷洗。

4 單獨機洗
沾過松香水的衣服，建議單獨丟洗衣機，加冷水、洗劑以一般程序清洗。

洗滌小知識 「綠油精」也有去立可白的功效

綠油精的成分中含薄荷油，屬於揮發油性，能夠將水性泥漆溶解，因此若衣服意外沾到立可白，可先塗抹綠油精再刮除，避免深入纖維，但僅限於淺色衣物。

PART 2

其他類

7 最怕遇到也最難洗淨的
衣物髒汙處理法大公開

原子筆

送洗費用：約每件 **180** 元

- 工業用酒精可去除原子筆的筆跡。

去汙工具
- 工業酒精
- 棉花棒
- 舊牙刷
- 水晶肥皂水
- 湯匙

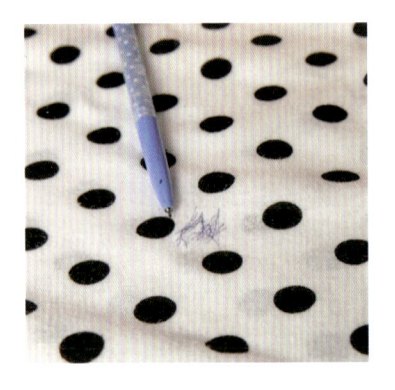

油溶性汙漬難去除
用工業酒精擦拭

很多人都有不小心被原子筆畫到衣服的經驗。因為原子筆屬於油溶性汙漬，所以處理起來非常困難，用一般清潔劑和水無法洗淨，需要用具有揮發性的工業酒精（藥局有售）去汙，才能有效去除原子筆字跡。

STEP BY STEP

1 墊一塊布在汙漬背面
去汙時會溶出汙漬，為避免汙染擴大，要先在汙漬背面墊一塊布。

2 棉花棒沾酒精
用沾滿工業酒精的棉花棒，塗抹在汙漬處。

3 用肥皂水刷洗汙漬處
若原子筆的筆跡還未清乾淨，可在汙漬處用沾滿肥皂水的牙刷刷洗。

4 刮淨汙痕後機洗
用湯匙將筆跡刮乾淨，再丟進洗衣機，加入冷水、洗劑以一般程序清洗。可與淺色衣物一起機洗。

洗滌小知識 筆痕也可用「髮膠」清除

因為髮膠內含有酒精，所以如果衣服不小心被原子筆畫到，可以用一般髮膠來做重點去汙；但請注意不要使用噴霧型髮膠，可能反而會讓整件衣服變得更髒。

其他類 8

最怕遇到也最難洗淨的衣物髒汙處理法大公開

送洗費用：約每件180元

奇異筆・油性筆

- 去光水可用來去除衣物上的奇異筆筆跡。

去汙工具
- 去光水
- 舊牙刷
- 棉花棒
- 水晶肥皂水

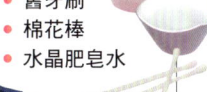

用去光水擦拭 以肥皂水刷洗

奇異筆屬於油性墨水，比水溶性更不好處理，應立即去汙，以免變成永久汙漬。去光水的揮發特性能瓦解油墨，可洗淨奇異筆汙漬，也能清除指甲油。

STEP BY STEP

1. 墊一塊布在汙漬背面
去汙時會溶出汙漬，為避免汙染擴大，要先在汙漬背面墊一塊布。

2. 適量去光水淡化汙漬
拿沾滿去光水的棉花棒反覆擦拭汙漬處，筆墨慢慢淡掉不見。

3. 用肥皂水刷洗汙漬處
若殘墨還未清乾淨，可在汙漬處用沾滿肥皂水的牙刷刷洗。

4. 機洗
加入冷水、洗劑以一般程序清洗。可與淺色衣物一起機洗，不需裝入洗衣網袋。

洗滌小知識　奇異筆漬也能用白膠清除！

白膠就是「樹脂」，由於其成分中的聚醋酸乙烯，會與油性筆漬融合，進而達到去汙效果。只要在油性筆漬上塗抹樹脂，等半乾後用力搓掉，就能帶走汙漬！

在外去汙 5 大口訣

吸・沖・拍・抓・刮

出門在外難免會發生意外，不小心讓衣物沾到汙漬，但若能及時拯救成功，也不失為一件開心的事情。通常人遇到汙漬的第一反應，就是亂擦一通，這樣不但會越來越髒，同時也更難清洗乾淨，永遠留在衣服上。弄髒衣服先別慌，只要根據「在外去汙5大口訣」，就能現場緊急處理，回家輕鬆就能洗淨！

❶ 吸
打翻飲料的急救術

液體類的果汁、茶酒若不小心滴到衣物上，可用廚房紙巾或抹布，吸拭多餘的殘汁，如果能脫下衣物，就能在汙漬背面墊塊布或紙巾，不讓汙染範圍擴大。所有剛沾到汙漬的衣物，都適用此方法處理。

❷ 沖
噴到醬汁的急救術

醬油、醋等顏色較深的汙漬，為減少滲入衣物纖維，應先用水沖，稀釋掉大部分的顏色。若遇到不適合碰水的布料，例如：毛料、蠶絲，則要將紙巾沾溼或用濕紙巾吸、擦。

❸ 拍
濺到油脂的急救術

為減少油汙滲透進衣物纖維，可沾溼乾布或紙巾，在油脂汙漬處進行拍打，千萬不要來回擦拭，否則只會擴大汙染。在家做菜時使用這招，能夠讓後續去汙過程更輕鬆容易。

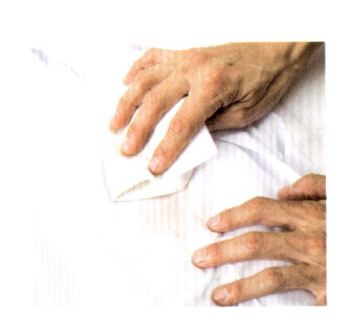

④ 抓

菜渣掉落的急救術

為避免二度汙染,當沾到塊狀汙染物如肉醬、食物時,要立刻用紙巾把殘渣抓起來;抓捏的力道要控制好,不要過猛,否則物體很容易被抓碎,使汙染擴大。另外,抓捏時要用手指抓牢物體的中段。

⑤ 刮

沾到醬料、果醬的急救術

像肉醬、果醬、奶油等黏稠汙漬,若沾到衣服,可用湯匙或票卡先刮掉主要汙漬。但在刮的過程中,也許會碰到衣物其他乾淨的地方,因此要特別小心,可用另一隻手護住防止滑落。

汙染源 VS. 去汙劑對照表

汙染源種類	適用預處理去汙劑	錯誤預處理方式
衣領汙漬、尿液	肥皂、衣領精、含氧漂白劑	乾布擦拭
血液	冷水	熱水沖洗
飲料、可樂等單寧酸類	含氧漂白劑	肥皂洗滌
食物、醬汁等油脂類	洗碗精、小蘇打粉	沾水擦拭
粉底、口紅等化妝品	洗碗精、卸妝油	沾水擦拭
指甲油、紅色印泥等	去光水	沾水擦拭
墨汁、機油等特殊化工	去漬油	用水沖洗
口香糖	冰塊敷硬	強硬摳除
原子筆等油性筆	酒精、去光水	用水沖洗
泥巴汙土	肥皂	乾布擦拭
蠟筆、鞋油等油脂類	洗碗精、肥皂	沾水擦拭

PLUS 洗衣達人小專欄
消除異味的妙方都在這！

抵擋不住燒烤、麻辣鍋美食的誘惑而去餐廳，但出來後滿身異味；或是去KTV聚會、朋友的生日派對，裡面混雜著一股詭異的香水味、菸味，回家後味道還殘留著。

你一定有過這樣經驗，有時因為是自己穿著所以聞不到，但不代表別人也是。若當下沒盡快處理這些味道，再過幾個小時就會變成「臭味」，讓人感到不舒服，之後還會產生黃斑！

一般人遇到這種情況都會用芳香劑除異味，但有時候會更臭，因為味道的分子是加成的，而非互相抵消；甚至會氧化讓黃斑更明顯，原本可以輕鬆解決的事，反而變成災難。想要還原衣物自然的清新味道其實很簡單，只要利用家中的吹風機、熨斗即可。

妙方 ❶ 消除火烤味　1分鐘搞定，用吹風機去油煙味！

將衣服裝進一個底部剪了小洞的大塑膠袋中，透過對流原理，衣物的異味會排出小洞，短短1分鐘就能除臭，也能避免吹風機燙到手。

1 將大塑膠袋攤平，在袋子底部剪一個小洞，當作出風口。

2 把衣物裝進袋子，吹風機塞進袋口對準衣物，一隻手握緊吹風機及袋口。

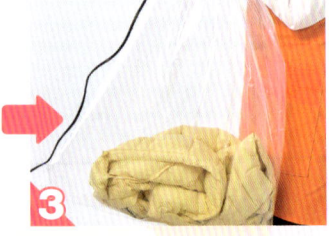

3 打開吹風機，讓異味從洞口排出，稍微上下晃動袋子1分鐘，就能除臭。

妙方 ❷ 消除霉味 用熨斗除味，塞報紙預防！

若沒有處理好雨季、室內濕度高、淋雨、沒有晾乾等問題，衣帽鞋包就容易發霉、甚至長斑。這是衣物變質的徵兆，一旦覺得有聞到霉味，就要盡快解決。

1 霉味去除法
將熨斗調到中溫（攝氏130～160度），在距離衣物2～3公分處蒸烘，透過蒸氣消除異味，既不會傷到衣料又快速。

2 防霉收納法
要晾曬或收納衣物時，可以塞點舊報紙幫助吸走水氣，不但快乾又能防霉，尤其適用在鞋子和包包。

妙方 ❸ 消除菸味、香水味 蒸氣脫臭，拒絕菸粉味上身！

蒸氣對於消除衣物異味相當有幫助，如果是把外套吊在通風處，12小時後只消除28%的臭味，但用蒸氣處理的話，立刻就能消除92%的臭味。另外，不只能用熨斗的蒸氣，洗熱水澡時浴室的蒸氣也有效果；不妨可趁洗澡時，將沾上菸味、香水、粉味、防蟲噴劑的衣物吊掛在浴室，利用水蒸氣順便蒸一下。

PART

3

最多人穿
也最常洗錯的衣物

從簡單的襯衫、T恤到不知如何下手的圍巾、白色運動鞋，
舉凡上衣、下褲、內著、配件無所不包，
本單元蒐羅一般家庭常見衣物，教你最正確的洗滌方法，越洗越乾淨！

上著

1

最多人穿
也最常洗錯的衣物

襯衫

送洗費用：約每件**90**元

- 襯衫材質通常為棉料、蠶絲、毛料等，以下用最常見的棉料示範。

棉製品居多
洗前要確認洗標

市面上九成的男女襯衫，都是由棉所製成，可以參考棉的洗滌方式清洗（P108）。但有些材質也可能是蠶絲（高級品）、羊毛（冬裝），因此務必要在清洗前確認洗滌標籤。

通常襯衫最容易產生汙垢的部位除了在領口、袖口外，還有腋下，這是最多人忽略的地方。在丟進洗衣機前，必須先重點刷洗這些部位。檢查時，不要因為肉眼看不見髒汙就不處理，可能會累積隱形塵垢，日後產生黃斑。

去汙工具
- 天然洗碗精
- 水晶肥皂水
- 洗衣刷

STEP BY STEP

1. 檢查易髒位置
巡視領口、袖口、腋下等特別容易出現髒汙的地方。領口通常最髒，需要先進行預處理。

2. 用洗碗精刷
脖子產生的汗垢油脂，是造成領口變髒的主因。可直接將洗碗精倒在領口溶解髒汙，並用刷子刷。

3. 靜置後用肥皂水刷
刷洗後等待10分鐘，接著用沾滿肥皂水的刷子再次刷洗乾淨，處理完再換袖口。

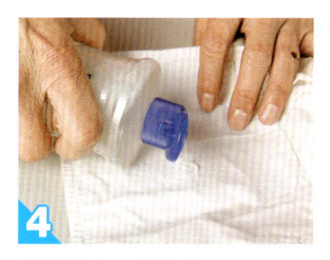

4. 打開袖口攤平
將袖子鈕扣打開、攤平，也可以同時將兩邊袖口重疊在桌上，一起處理比較省時。然後在髒汙處倒上洗碗精刷洗。

5. 靜置後用肥皂水刷
一樣在刷洗後等待10分鐘，用刷子沾肥皂水刷淨。袖口與領口不同的是除了手腕汗垢之外，還會有灰塵造成髒汙。

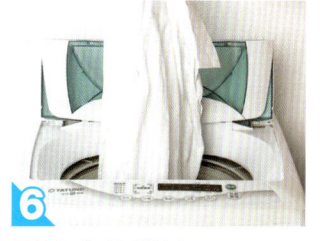

6. 刷洗完後機洗
重點汙漬都預處理完後，丟進洗衣機，加入冷水、洗劑以一般程序清洗、脫水後晾乾。

洗滌小知識 怎麼防止襯衫起皺、泛黃？

❶ 摺衣時先夾張紙板（P160），疊放時將衣領交錯擺，可避免領口被壓扁、壓皺。

❷ 拿熨斗燙（P157），或在晾掛時用力將襯衫甩平，可以減少皺摺的產生。

❸ 想預防白襯衫泛黃變灰，就得阻絕空氣。可在換季收納前，將其漂洗後套入透明塑膠袋中保存。

上衣 2　最多人穿也最常洗錯的衣物

T恤

送洗費用：約每件90元

去汙工具
- 天然洗碗精
- 水晶肥皂水
- 洗衣刷

- T恤分很多種類、材質，純棉材質禁止烘乾。

洗前檢查洗標
拿橡皮筋綁住領口袖口

T恤主要為棉、蠶絲、彈性紗、化學纖維或其混合的製品，在清洗前要確認洗標，如果需要手洗就不要丟洗衣機；材質為棉、化學纖維則可直接機洗。另外，領口和袖口的羅紋容易在機洗時鬆掉，可在洗前先綁橡皮筋。

STEP BY STEP

1 倒洗碗精
在T恤上的髒汙處，或是容易累積汗垢的領口、袖口，直接滴上洗碗精溶解。

2 用刷子刷洗
用沾了肥皂水的洗衣刷刷洗汙漬。

3 領口袖口綁起
領口、袖口採羅紋織法，容易在搓洗或機洗時鬆掉。建議先將此處依序折疊，用橡皮筋固定。

4 放入機洗
固定好之後，直接放入洗衣機裡洗淨。

洗滌小知識　烘乾純棉T恤會導致縮水！

棉質的牛仔褲、棉被在洗滌之後，可以拿去烘乾，但純棉T由於織法不同，烘乾會造成縮小變形，建議在陰乾處晾掛。不過也有人不小心尺寸買大了，想要將其烘短小一點，只是這比例不好掌控，烘壞的風險很高。

TIPS!

有圖案的T恤怎麼洗？

有圖案的T恤，上色方式被稱為印染。印染，顧名思義就是衣物圖案或顏色是印上去的，而不是用染料將衣物染色。不僅是T恤，許多衣物上的圖樣也大多屬於此類，洗滌時都需要小心喔！

去汙工具
- 水晶肥皂水
- 洗衣刷

STEP BY STEP

1 刷洗領口
為避免刷壞領口羅紋，需用沾滿肥皂水的洗衣刷橫向順紋路刷洗，且刷子和衣服要呈90度。

2 將印染T恤翻面
為了避免洗衣時的摩擦破壞印染圖樣，可以將印有圖案的那面翻至裡面，或是放入網袋。

3 放入機洗
裝入洗衣網袋或是將印染部分翻面之後，就可直接放入洗衣機洗滌。

洗滌小知識　反面清洗不褪色，最好用冷水洗滌

印染的衣服需注意摩擦褪色，因為印染的摩擦係數低，所以清洗時需要反面洗。另外，印染衣物最好用冷水洗滌，因為印染的色牢度不強，用熱水容易褪色。同時也要將洗程時間控制得短一點。

3 制服

最多人穿也最常洗錯的衣物

送洗費用：約每件 90 元

- 上班族制服的髒汙主要來自汗漬、殘妝；學生制服的髒汙來源就五花八門！

去汙工具
- 天然洗碗精
- 洗衣刷

按髒汙類型去漬 化纖品可水洗

不論是學生還是上班族，每天穿的制服都要換洗。一般制服多為聚酯纖維、尼龍、合纖、混紡材質，都能水洗。但根據髒汙來源的不同，如汗漬、沾到粉底、噴到醬汁等就需用不同去汙劑，機洗前要個別進行預處理，才能完全洗乾淨。

STEP BY STEP

1 檢查衣物易髒處
除了特殊髒汙，汗漬是制服最常見的汙漬，最容易藏汙納垢的地方就是領子、袖口。

2 浸泡 10 分鐘
特殊髒汙預處理後，倒適量洗碗精在水盆裡，攪拌均勻後將制服泡約 10 分鐘。

3 刷子刷洗
拿刷子刷洗領口、袖口等易髒的部位，若衣物為化纖材質可以稍微加大力道刷。

4 機洗後拍平晾掛
加入冷水、洗劑以一般程序清洗、脫水；要晾時先甩一甩，掛好後將皺褶拍平。

洗滌小知識 制服褶裙的洗滌法！

可在機洗前將裙子折角稍微縫住，洗完再解開，就不會洗亂裙摺，但相當費工。比較簡單的方法是，把裙摺往內包裝入洗衣袋機洗、脫水，晾衣時甩平，等乾了再燙整齊！（見 P159）

上衣 **4**

最多人穿
也最常洗錯的衣物

送洗費用：約每件150元

PART **3**

亮片衣物

- 想讓亮片能夠長時間維持閃亮、不掉落，建議用手洗。

去汙工具
- 水晶肥皂水
- 洗衣刷

最好用手洗
或第二階段再機洗

洗衣機的洗程通常會分兩階段，第一階段為洗淨髒汙，第二階段為清洗洗劑。亮片衣物用手洗方式洗滌最佳，或是等洗衣機運轉到第二階段，再放入網袋機洗，避免攪動時間太長造成亮片受損。

STEP BY STEP

1 檢查易髒處
先察看易髒部位，通常上衣需要注意的地方是領口、袖口、腋下等。

2 肥皂水刷洗
用洗衣刷沾取適量肥皂水，刷洗步驟1提到的易髒處，避開亮片。

3 衣服翻面
將縫有亮片的那一面或那一角翻至裡面，避免亮片在洗滌過程中被洗掉。

4 放入網袋機洗
將衣服用密網網袋包起，等第二階段清洗時放進洗衣機，設為快洗，脫水30秒即可。

洗滌小知識 清洗亮片別用洗碗精！

洗碗精有去油功效，常被用來做衣物去汙的預處理，卻是亮片衣物的剋星。因為洗碗精裡含有溶油性成分，亮片上的漆一遇到去油清潔劑就會融化。

NG!

5 貼鑽衣物

最多人穿也最常洗錯的衣物

送洗費用：約每件 **150元**

- 為了不破壞貼鑽漆膠，可以用天然肥皂水刷洗重點。

去汙工具
- 水晶肥皂水
- 洗衣刷

避開洗碗精和去油清潔劑！

以貼鑽的棉質衣物為例，除了需要注意棉質的洗滌方式之外，貼鑽部分也要避開像是洗碗精等含去油成分的洗劑，因為溶油成分會破壞貼鑽底部漆膠的黏性，縮短樣式的壽命。

STEP BY STEP

1 肥皂水刷領口
先用沾滿肥皂水的刷子刷洗上衣最容易髒的領口。

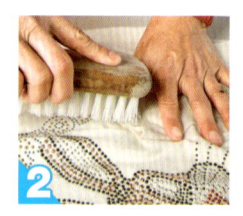

2 刷袖口、腋下
再用肥皂水和洗衣刷，刷洗袖口及腋下等容易出現汗垢、油脂的地方。

3 包網袋或翻面
縫或貼有鑽飾的衣服可放密網網袋，或翻面再機洗，以免圖飾掉落。

4 快洗、快脫30秒
等洗程運轉到第二階段再放入，時間設定快洗並脫水30秒，不可烘乾。

洗滌小知識 含油洗劑、高溫是圖案殺手

貼鑽、印染衣若用含油成分像洗碗精清洗，會融化印染和鑽底的漆膠。兩者洗後自然陰乾就好，急的話印染衣物可以低溫60度烘乾，貼鑽衣物不可烘乾，容易掉鑽。

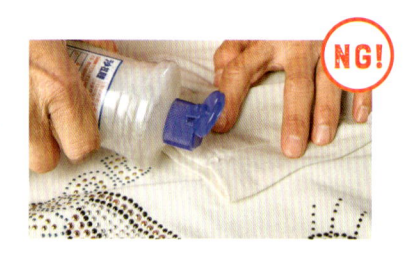

NG!

刺繡衣物

6 最多人穿 也最常洗錯的衣物　送洗費用：約每件 150 元

去汙工具
- 水晶肥皂水
- 舊牙刷

- 清洗刺繡衣物時最怕被勾到脫線，另外也要避免用手搓洗。

測試是否褪色 再拿牙刷輕刷

刺繡衣物上的繡紋或是繡片，用線成分大多是化學纖維，建議先沾取一點水測試會不會褪色。如果繡圖上有汙漬，可以用刷洗力道比較小的牙刷輕刷，可避免破壞圖案，也不會在相互搓洗時出現脫線、褪色或染色的情況。

STEP BY STEP

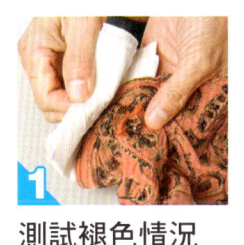

1 測試褪色情況
用水或肥皂水輕刷刺繡處，測試會不會褪色，確認水洗時的染色情形。

2 塗肥皂水靜置
刺繡處如有髒汙，抹肥皂水後先靜置10分鐘，再沿繡線用牙刷輕刷。

3 翻面後放入網袋
將衣服內外翻面，避免刺繡被鉤到或大力摩擦而脫線，放密網網袋機洗。

4 短程機洗
加冷水、洗劑後設定快洗，脫水15～30秒即可晾乾，避免褪色或脫線。

洗滌小知識　白色衣物一起機洗也會染色？

就算只有白色或淺色衣物一起水洗，衣服上的刺繡、色條、裝飾圖案等還是可能會造成染色。建議特殊衣物可以重點幾件單獨洗，或是先做褪色測試，並注意機洗時程要短、不可浸泡。

上衣 **7** 最多人穿也最常洗錯的衣物

送洗費用：約每件 **110元**

排汗衣・瑜伽服

- 運動服飾多用彈性、吸濕排汗特性的布料製成。

去汙工具
- 天然洗碗精
- 水晶肥皂水
- 洗衣刷

中性洗劑洗滌
柔軟精會阻塞纖維

製作機能性衣物的材質中，彈性紗所占的比例較高，因此像是瑜伽衣褲、單車服和一部分強調吸濕排汗的運動服等，都建議使用中性洗劑清洗。另外，柔軟精會阻塞織物纖維，所以千萬不要使用，否則會降低衣物原本的機能性。

STEP BY STEP

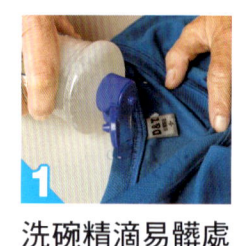

1 洗碗精滴易髒處
衣服要看領口、腋下，褲子則要看褲腳、腰頭、褲底，這些地方易有汗垢，可直接倒洗碗精。

2 肥皂水刷洗
泡製好肥皂水後，用沾滿肥皂水的洗衣刷輕輕刷洗易髒處。

3 裝入網袋
將排汗衫裝進密網洗衣網袋，以免被其他衣服的拉鍊或是扣環刮傷。

4 機洗
不可使用高溫的水洗滌，使用冷水、洗劑以正常轉速清洗，脫水約15秒，禁止烘乾。

洗滌小知識 晾乾合成纖維布料衣物的撇步！

瑜伽服、運動衣不可烘乾，晾掛時要置於陰涼處，不能直接照到陽光，因為含有合成纖維，受熱後材質易被延展拉長。另外，若衣物為黑色，晾在陰涼處時，建議用大浴巾圍罩住周邊，防止日光直射，因為黑色易吸收太陽熱度，比起淺色衣物會更容易造成布料延展鬆斷。

8 針織衫

最多人穿 也最常洗錯的衣物

送洗費用：約每件 150 元

- 針織衫伸展性好又不易附著灰塵，大多由兩到三種衣料混合而成。

去汙工具
- 水晶肥皂水
- 洗衣刷

具有伸展空間 洗法依主材質決定

製作針織衫的材質大多為棉、壓克力、聚酯纖維混合布料，由羊毛布料組成的為少數，特性是具有伸展空間，穿起來很舒服。由於成分複雜，所以洗滌前一定要確認洗標，依照標示決定洗法。洗標上會有成分標示，也可以按主材質洗滌。

STEP BY STEP

1 先確認材質洗標
依照洗標上的方式進行洗滌最安全。另外，也可把布料含量最多的，當作洗滌的判斷標準。

2 肥皂水刷易髒處
針織衫最容易沾染汙垢的部位為腋下、領口，先用沾滿肥皂水的刷子刷洗，進行預處理。

3 包密網袋
有些針織上會有裝飾品，為避免機洗時拉扯或勾破衣物，要先裝進密網袋中。

4 短程機洗脫水
加冷水、洗劑清洗，但因針織衫富彈性，易被拉鬆，故要用短程機洗，脫水約15～30秒。

洗滌小知識　針織衫的保養訣竅！

針織衫彈性佳，不易沾染灰塵；若要維持彈性和光澤，就要定期晾衣，多接觸新鮮空氣；不可用塑膠袋收納或封死在塑膠袋中；另外，也要避免在衣架上掛太多件，怕因擠壓而喪失彈性。

77

上衣 9 蕾絲洋裝

最多人穿也最常洗錯的衣物

送洗費用：約每件 230 元

- 洋裝內外層材質不一樣，清洗前應先確認兩者是否皆能碰水。

去汙工具
- 水晶肥皂水
- 洗衣刷

看材質確認水洗或乾洗 機洗前務必裝網袋

洗滌任何類型的洋裝前，都要先檢查材質洗標，確認內裡外層的材質，很多高級洋裝的內襯是由不能水洗的質料製成，如醋酸纖維、嫘縈等，遇到此狀況就只能送乾洗。另外，蕾絲材質在機洗前一定要裝入洗衣網袋，才不會洗壞或脫線。

STEP BY STEP

1 刷洗易髒處
領口、腋下容易產生汗垢，確認內外層都可水洗後，可用肥皂水刷洗。

2 蕾絲處要輕刷
蕾絲部分切勿用力刷洗，如果怕力道難拿捏，也可以用牙刷，預防破壞絲紋。

3 翻面後包網袋
丟入洗衣機前，要先把洋裝翻面再裝進密網洗衣袋，避免將蕾絲鉤壞。

4 放入機洗
使用冷水、洗劑以一般程序清洗、脫水後晾乾。

洗滌小知識　蕾絲烘乾會變形！

蕾絲在高溫烘烤下會變形，因此含有蕾絲裝飾的衣物都不可拿去烘乾。如果經機洗攪拌後，蕾絲產生皺紋，那麼可以墊一塊布在衣物上，以140度中溫的熨斗燙平。

夾克・外套

10 上衣　最多人穿也最常洗錯的衣物

送洗費用：約每件 **230** 元

PART 3

- 一般不會太常洗夾克，平常要多在通風處晾掛。

去汙工具
- 水晶肥皂水
- 洗衣刷

內外材質不同 需詳細檢查

製作夾克的成分主要為棉質或化纖材質，機洗時可裝入洗衣網袋；而夾克通常是深色的，為避免染色建議單獨機洗。有些夾克外層是棉，內裡是醋酸纖維，如果遇到這種情形，要特別小心，只能送乾洗，因為醋酸纖維若碰到水會縮皺。

STEP BY STEP

1 拉上拉鍊
將拉鍊拉上，主要是為了檢查拉鍊是否損壞，而且清洗時，也能確實洗到衣物表面汙漬。

2 錫箔紙包拉鍊頭
為避免洗滌過程中，拉鏈頭或扣子刮傷衣服，所以包上錫箔紙，再以橡皮筋固定。

3 肥皂水刷易髒處
夾克最容易髒的地方是袖口和胸前，用沾滿肥皂水的洗衣刷刷洗。

4 放入機洗
袖口有羅紋，可用橡皮筋綁住，用冷水、洗劑以一般程序清洗、脫水。

洗滌小知識　怎麼保養不常洗的夾克？

夾克上都會沾染灰塵，每次脫下後，請用衣物刷或黏塵貼清除；若有流汗，則將毛巾沾濕拍打汗水處，再晾在通風的陰涼處。

上衣 11

最多人穿也最常洗錯的衣物

送洗費用：約每件 350 元

大衣・風衣

- 清潔大衣首要任務，是判斷材質是水洗或是要送乾洗。

去汙工具
- 水晶肥皂水
- 洗衣刷

乾洗劑會破壞防風防水功能

大衣和風衣如果是用防風、防水功能材質製成，就不能送乾洗，因為洗衣店的乾洗洗劑會損壞其防風、防水的效力。另外，毛料大衣若是以羊毛或不能水洗的材質製成，就要送乾洗才能維護衣物原有的品質。

STEP BY STEP

1 檢查衣物易髒處
先查看是否有明顯髒汙；預處理的重點為胸前和袖口，這兩個最容易弄髒的部位。

2 敲出汙垢
一般大衣布料較厚，用肥皂水刷洗時，要以敲打布面的方式，清出纖維內汙垢。

3 取出大衣配件
大衣若有附配件，如腰帶、胸花、領圍等裝飾要先抽出來，能水洗的可預先刷洗。

4 摺好包網袋機洗
將摺好的大衣，與配件裝洗衣袋，用冷水、洗劑以一般程序清洗、脫水，晾掛時要甩平。

洗滌小知識　如何解決毛料衣物起毛球？

❶ **平織毛衣起毛球**：可利用刮毛球機或刮鬍刀。
❷ **針織衫起毛球**：封箱膠帶可黏起毛球，且不傷衣料。
❸ **預防起毛球**：容易起毛球的長毛喀什米爾羊毛、毛海類衣物，可用衣服專用刷把毛順齊，能有效預防毛球。

上衣 12 最多人穿也最常洗錯的衣物

羽絨衣

送洗費用：約每件 380 元

- 羽絨衣千萬不能乾洗。

去汙工具
- 天然洗碗精
- 洗衣刷

洗羽絨衣禁忌 不可乾洗、漂白

洗滌羽絨衣的時候有三個注意事項，首先乾洗劑會破壞面料的油質加工，不能送乾洗；再來漂白劑、柔軟劑會阻塞纖維毛孔，讓透氣度變差，也不能使用；最後機洗時建議可使用滾筒式洗衣機。

STEP BY STEP

1 將拉鍊拉起
處理衣服前，請先將羽絨衣拉鍊拉起，可預防衣服受損。

2 檢查易髒處
預處理時要特別查看袖口、口袋邊緣這兩個最容易弄髒的地方。

3 洗碗精溶解髒汙
倒洗碗精在易髒處，用洗衣刷刷洗。如果口袋有拉鍊，也請先將拉鍊拉上。

4 低速機洗
使用冷水、洗劑以低速清洗後晾掛。

洗滌小知識 如何保養羽絨衣？

羽絨衣不好晾乾，可先陰乾3～4天再烘到全乾，時間半個小時以上，就能恢復原本蓬鬆狀。陰乾時適度拍打，以免結塊。收納羽絨衣時，應輕輕折疊或用衣架掛起，禁止用力擠壓，才能保持蓬鬆度。

下着 1 最多人穿 也最常洗錯的衣物

破牛仔褲

送洗費用：約每件110元

- 破牛仔褲機洗時，破洞的線容易被鉤扯開來，因此要先裝進洗衣網袋。

機洗前包洗衣網 洞才不會越來越大

近年破牛仔褲越來越流行，許多人為了「養版型」、「保持頹廢感」，所以就不常洗。但不清洗衣物，容易產生汙垢、細菌導致皮膚感染發炎，而且丹寧布料厚重又會累積汗臭味，自己雖聞不到，但別人一定會不舒服，就算再有型也沒用。

與其擔心洗滌時版型跑掉、牛仔褲破洞變大，更要注意應該是清潔與保養方式，例如：在丟洗衣機前用網袋包住，可防止破洞變大及版型變形；若為深色牛仔褲，則可翻面清洗避免褪色。（一般丹寧牛仔褲洗滌法見P110）。

去汙工具
- 天然洗碗精
- 水晶肥皂水
- 洗衣刷
- 舊牙刷

STEP BY STEP

1 查看臀部、大腿處
長褲的臀部會在坐下時弄髒、大腿處則容易在用餐時沾染食物汙漬。

2 檢查褲腳
褲腳接近地面，較會接觸到地上的泥沙、灰塵或其他汙漬，建議先預處理。

3 洗碗精溶解髒汙
臀部、大腿處、褲腳等易髒部位可用沾滿洗碗精的洗衣刷刷洗。

4 用肥皂水刷洗，牙刷清破洞
用肥皂水刷上述易髒處。若破洞的地方有髒汙，可用牙刷輕刷，順便梳理破洞線，讓造型維持更久。

5 稍微摺疊，裝入洗衣網袋
褲子預處理完後稍微摺疊一下，再裝進一般洗衣網袋中。

6 機洗
最後丟進洗衣機，使用冷水、洗劑以一般程序清洗。為了避免變形，脫水時間不適合太久，差不多一分鐘就可以取出晾掛。

洗滌小知識　牛仔褲能不能烘乾？

牛仔褲大部分材質為棉，過熱容易縮小，因此不建議烘乾。若真的趕時間，可以「低溫」烘5～6分鐘，再晾掛陰乾。

下著 **2** 最多人穿也最常洗錯的衣物

西裝褲

送洗費用：約每件 **110** 元

去汙工具
- 水晶肥皂水
- 洗衣刷
- 舊牙刷

- 除了從洗標判斷材質外，也可從價位大致猜到。

羊毛褲送乾洗 化纖可水洗、熨燙

西裝褲材質大致分2種，一種是羊毛，另一種是化纖，兩千塊以下通常是化纖材質。化纖可以水洗；羊毛褲則建議送乾洗店，否則可能會收縮、染色或被染色。至於化纖可直接放到洗衣機清洗。熨燙時溫度要低一點，約攝氏140度到160度，太高溫會使衣服發亮變色。

STEP BY STEP

1 檢查洗標後，翻口袋
確認可水洗後將口袋外翻。口袋深處常累積髒汙，要將尖角徹底翻出。

2 肥皂水刷洗
用牙刷沾取肥皂水刷口袋內部的尖角，方便深入清潔小範圍的髒汙。

3 刷洗褲腳
褲子容易沾染髒汙的地方就是褲腳，建議先用肥皂水刷淨褲腳。

4 機洗
最後放進洗衣機，使用冷水、洗劑以一般程序清洗。

洗滌小知識　從西裝褲皺不皺可以判斷材質好壞？

化學纖維衣物洗完後不容易皺。不過反過來說也表示會皺的衣物材質比較好，天然纖維比例高。由於天然纖維無法依需求量產，所以價位也比較高。

TIPS!

卡其褲怎麼洗？

不要看卡其褲表面顏色都一樣就被騙了，其實它跟有圖案的T恤一樣可能都是印染的！市面上很多卡其褲都使用印染的方式上色，而印染摩擦係數低，即使是淺色的卡其褲也可能因為洗程中的摩擦造成褪色。因此卡其褲一定要翻面、用冷水洗，洗滌時間也不可過長。

去汙工具
- 水晶肥皂水
- 洗衣刷

STEP BY STEP

1 褲頭刷洗
卡其褲多為淺色，褲頭處容易因皮帶摩擦而染色或累積髒汙，可用洗衣刷沾取肥皂水，針對褲頭及皮帶環清潔。

2 褲腳處理
褲腳處容易擦到地面，可能出現顯色髒汙，同樣使用沾滿肥皂水的洗衣刷來回刷洗。

3 機洗
最後放進洗衣機，使用冷水、洗劑以一般程序進行清洗。

洗滌小知識 怎麼判斷卡其褲或衣物是否為印染？

即使整件衣物都是同一顏色，依然有可能是印染的。那要怎麼辨別呢？如果是印染，衣物的正面和反面會有色差。所以下次如果想知道衣物是不是印染，只要翻一下背面就知道了。

下著

3 內搭褲・絲襪

最多人穿也最常洗錯的衣物

送洗費用：約每件110元

* 一般內搭褲、絲襪材質較薄，最好用手洗或裝進洗衣網袋機洗。

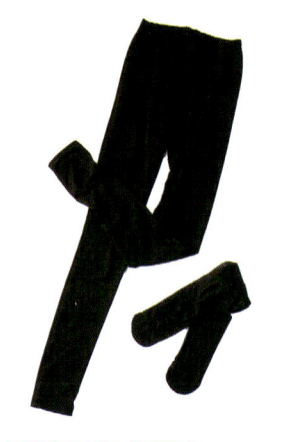

去汙工具
- 天然洗碗精

細薄褲款泡壓去汙
包密網網袋避免鉤破

薄透的內搭褲，或織法較細的絲襪如羊毛、壓克力纖維材質，洗滌時切勿大力搓揉，應先浸泡洗劑，以輕壓手法去汙；機洗前裝入密網網袋，才不會被鉤扯。質料較厚的棉質內搭褲，則可直接丟洗衣機。（見P108棉質衣物洗滌法）。

STEP BY STEP

1 製作浸泡液
將洗碗精加入裝了攝氏30～40度溫熱水的水盆中，攪拌均勻，水量要蓋過內搭褲。

2 浸泡10分鐘
將內搭褲浸泡在水盆中，等待約10～15分鐘，讓灰塵釋出。

3 按壓手法輕洗
輕揉壓洗內搭褲，避免衣料被傷到、拉扯，還能保持原有的彈性。

4 機洗
丟進洗衣機前，將內搭褲裝進密網網袋，加入冷水、洗劑機洗、短程脫水，不能烘乾。

洗滌小知識　怎麼讓內搭褲、絲襪更耐穿？

試試「醋水浸泡法」！用5份的水加上1份的醋調製，水溫不要超過「30度」，用醋水浸泡絲襪和彈性內搭褲30分鐘，再用清水沖洗並晾乾。醋有增加彈性的功效，可以讓纖維變得更有韌性！

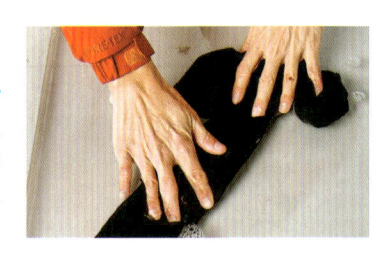

PART 3

4 下著
最多人穿也最常洗錯的衣物

送洗費用：約每件30元

襪子・地板襪

- 襪子的髒汙來源通常為灰塵和腳汗，看嚴重程度決定洗法。

去汙工具
- 天然洗碗精
- 酵素洗衣粉
- 洗衣刷

大人、小孩髒源不同 洗法就不一樣

小孩穿的、室內踩地的襪子，主要髒汙來源為塵土，可以用洗碗精搓洗去汙；而大人的外出襪，主要髒汙來源為腳皮脂和汗臭，所以用酵素洗衣粉浸泡再機洗，而地板襪的處理方式同此，因其襪底有防滑顆粒，若用洗碗精清洗，會破壞止滑功能。

STEP BY STEP

1 視髒汙決定洗劑
髒汙來源多為塵土、灰塵者用洗碗精；多為皮脂汗臭者或防滑地板襪則用酵素洗衣粉。

2 製作去汙劑浸泡
水盆中加洗碗精或酵素洗衣粉，深色用冷水，淺色用熱水泡10分鐘以上，太髒的可泡一個晚上。

3 手套襪搓洗
將襪子套上雙手，在水盆中互相搓揉，大部分汙垢就能去除。

4 短程機洗
用洗衣刷刷洗沒搓到的部位，再丟進洗衣機，使用冷水、洗劑以短程清洗、脫水晾乾。

洗滌小知識　洗碗精會破壞地板襪功能！

洗碗精的去油成分會破壞地板襪底部顆粒的表層質膜，讓地板襪喪失止滑功能，所以如果要洗滌地板襪，建議用酵素洗衣粉清洗。

NG!

87

5 白色運動鞋

最多人穿 也最常洗錯的衣物

送洗費用：約每件230元

- 運動鞋最怕變黃、鞋面變髒。

避免運動鞋泛黃 要洗淨洗劑、禁曬太陽

白色運動鞋容易泛黃，可能是因為洗劑殘留。建議用洗碗精加水浸泡兩個小時再刷洗，因為洗碗精中的介面活性劑可以軟化大部分汙漬。另外，為了預防洗劑再次殘留，可在最後一次清洗時加醋，跟洗劑中的鹼酸鹼中和，降低變黃機率。不過如果運動鞋本身的膠已經變質，就沒辦法處理了。

最後，盡量不要日曬，因為球鞋黏膠曬到太陽容易氧化或老化，增加變黃的機會，建議在通風處陰乾即可。

去汙工具
- 天然洗碗精
- 水晶肥皂水
- 舊牙刷

STEP BY STEP

1 調製浸泡液
用水加洗碗精調勻，鞋子有網狀布面時，不要加入洗衣粉。因為其中無法溶解的礦物質，會造成阻塞、影響透氣。

2 拆鞋帶、鞋墊
先將鞋帶與鞋墊拆下，與球鞋同時泡在浸泡液中2小時分解汙漬。球鞋的鞋舌大多較厚，先拆鞋帶可以讓鞋面更完整地浸泡。

3 肥皂水刷洗
用牙刷沾一點水晶肥皂水，重點刷洗表面髒汙。

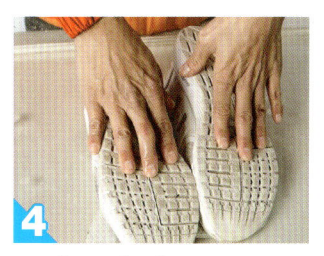

4 泡清水洗淨
刷洗後泡清水洗淨。擔心泡不乾淨，可開水龍頭、用小水流讓水持續流動，泡2～3個小時。最後加入一兩滴醋酸鹼中和。

5 包網袋機洗
把球鞋包上網袋，放到洗衣機裡跟衣服一起洗，洗程結束後陰乾。

洗滌小知識　怕鞋子一起洗很髒？加雙氧水有效消毒！

其實鞋子經過預處理後很乾淨，在刷洗的過程比洗衣機的洗淨功能還要強，可以跟衣服一起洗。但如果還是會擔心，在機洗時建議可加入具有殺菌功能的雙氧水，就不用害怕衣物被汙染。

下著 6

最多人穿
也最常洗錯的衣物

帆布鞋

送洗費用：約每件300元

- 做好預處理，可與其他衣物一起機洗，也可獨自機洗。

機洗不會變形
預先刷過避免汙染

洗布鞋並不難，大部分的人以為布鞋不能機洗，但其實布鞋材質堅韌，不會因機洗就變形。機洗前應先刷洗鞋底和特別髒的地方，再裝進疏網洗衣袋丟進洗衣機；另外在刷洗時，要拆掉鞋帶，才能徹底洗到所有細縫。

值得注意的是，市面上的烘衣機有些附有烘鞋架，但因為布鞋鞋面布料遇熱會歪縮變形，鞋底膠質也會扭曲，所以不能拿去烘。

去汙工具

- 天然洗碗精
- 酵素洗衣粉
- 水晶肥皂水
- 舊牙刷

STEP BY STEP

1 調製洗劑
在裝了攝氏30～40度溫水的水盆中，以1：1的比例混和洗衣粉和洗碗精，攪拌均勻。

2 將布鞋放入水盆
翻面浸泡，淺色布鞋泡30分鐘；深色布鞋則浸泡15～20分鐘即可。

3 拆鞋帶、鞋墊
鞋帶、鞋墊須另外洗才會乾淨。

4 將洗碗精倒在鞋面髒汙處
鞋面如果堆積太多髒汙，處理時可直接倒上洗碗精加強去垢力。

5 用牙刷刷洗鞋子內外
用沾滿肥皂液的牙刷，深入刷洗鞋內及鞋面特別髒汙處。

6 放入網袋中機洗
丟洗衣機前，先裝入網袋，用洗劑以一般轉速清洗、脫水。注意不可烘乾，但可曬乾。

洗滌小知識　鞋子千萬別拿去烘！

有人說鞋子可以烘乾，這是錯的！鞋子經過烘衣機的高溫烘烤會變形，此外，鞋底的橡膠或塑膠一旦嚴重扭曲，整雙鞋就報銷了！鞋子洗完後，應該放在陽光照射得到的地方曬乾。如果真的趕時間，可以用吹風機的冷風反覆吹乾。

TIPS!
拆下來的鞋帶、鞋墊怎麼洗？

去汙工具
- 天然洗碗精
- 水晶肥皂水
- 酵素洗衣粉
- 洗衣刷

STEP BY STEP

1 直接倒上洗碗精
在取下來的鞋帶髒汙點都不太一樣，為了方便清洗可直接倒上適量洗碗精。

2 用力刷洗鞋帶
把鞋帶順平，用力刷洗。如果要節省時間，可以將2條鞋帶對摺後刷洗。

3 調製浸泡液
在塑膠盒內以1：1的比例倒入熱水與洗碗精，將鞋帶放入。

4 將鞋帶放入盒中
將鞋帶放入盒中，蓋上蓋子搖晃數十下，靜置10～15分鐘浸泡。

5 調配洗劑清洗鞋墊
在水盆裡倒入攝氏30～40度的溫水，以10：1的比例加入洗衣粉和洗碗精，洗碗精盡可能少一點，避免破壞鞋墊材質。

6 鞋墊刷洗後再浸泡
刷洗較乾淨的反面，再用力刷洗較髒的正面。刷洗後放到洗劑溶液中浸泡30分鐘。取出後與鞋子、鞋帶一起裝入網袋機洗。

7 雪靴

最多人穿也最常洗錯的衣物

送洗費用：約每件 400 元

- 經常有人穿雪靴不穿襪子，鞋子內的腳臭汗垢比外面還髒。

去汙工具
- 天然洗碗精
- 酵素洗衣粉
- 舊牙刷

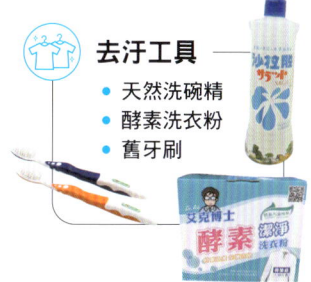

用牙刷清潔毛處 獨立機洗才不染色

大部分的雪靴材質雖為可水洗的化學纖維，但建議獨立清洗，因為車縫邊的色墨可能會染到其他衣物。清潔重點在鞋內的毛處，可先用洗劑浸泡，再用沾洗碗精的牙刷刷洗，單獨丟洗衣機。

STEP BY STEP

1 調製洗劑
拿裝了攝氏30～40度溫水的水盆，以1:1的比例混和洗衣粉和洗碗精，攪拌均勻。

2 浸泡雪靴
將雪靴泡在水盆中，確定整雙鞋都能泡到洗劑；淺色泡30分鐘、深色泡10～15分鐘。

3 刷洗內外、鞋底
從靴內腳底板處到靴筒，徹底用牙刷刷洗；可倒洗碗精在靴底，加強刷洗細縫。

4 單獨機洗
丟洗衣機前，先裝進網袋，再使用冷水、洗劑清洗，記得不要和別的衣物混洗。

洗滌小知識「仿麂皮雪靴」的清潔方法

仿麂皮雪靴與雪靴的洗法其實一樣。仿麂皮料主要由聚酯纖維、特殊化工材質，或絨布質料等化學纖維來製成，所以可以水洗。清潔前一定要確定清楚，若是真的麂皮就要送專門店處理。

8 室內拖鞋

最多人穿也最常洗錯的衣物

送洗費用：約每件150元

- 髒拖鞋若沒有經常清洗，除了容易得香港腳外，還會把地板弄髒。

去汙工具
- 天然洗碗精
- 酵素洗衣粉
- 舊牙刷

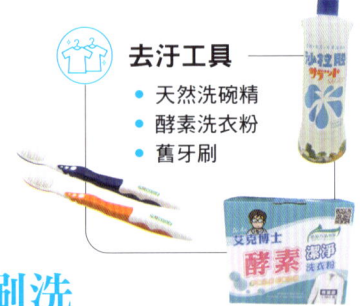

正反面都要刷洗 機洗前包網袋

不好清洗的布拖鞋，要先用洗碗精刷洗正反面，再裝進洗衣網袋機洗；而藍白拖、塑膠類拖鞋只要用水沖一沖，就可晾乾；至於那些怕進水而會在內裡鋪海綿的拖鞋，用牙刷稍微刷鞋底即可。

STEP BY STEP

1 先浸泡
用1：1的洗衣粉和洗碗精加水調製浸泡液後，將拖鞋放入浸泡10～15分鐘，取出。

2 在鞋面、底部倒洗碗精
將適量洗碗精滴在拖鞋表面和底部，控制用量，以免太多洗不乾淨。

3 刷洗死角和鞋底
用牙刷軟細的刷毛深入死角刷洗，不會傷害拖鞋布料。刷洗鞋底則可以徹底清潔

4 機洗
裝入網袋，可避免和其他衣物纏繞在一起，使用冷水、洗劑以一般程序清洗、脫水再晾乾。

洗滌小知識 室內拖鞋有臭味怎麼辦？

用化纖材質製成的拖鞋不透氣，容易藏汙納垢，產生臭味；布拖鞋的鞋面也會發臭。建議要經常晾在通風處如陽台，或可準備常備炭放在鞋櫃裡，不但能夠除臭，還有除濕效果。

1 內衣

最多人穿也最常洗錯的衣物

胸罩

送洗費用：約每件 70 元

- 胸罩有鋼圈設計，容易在機洗時變形。

去汙工具
- 冷洗精
- 舊牙刷

以中性洗劑手洗
機洗包網袋、短程清洗

胸罩一般都有鋼圈設計，為避免變形最好先用手洗，可選用中性、溫和的冷洗精或洗劑。之後機洗時，一定要裝進胸罩專用網且設定短程清洗，才不會因為轉洗、脫水時間過長而傷到布料。

STEP BY STEP

1 用冷洗精浸泡
淺色用溫水，深色用冷水，倒入適量冷洗精拌勻。浸泡時正面朝下，用手壓使其完全浸泡。

2 清潔肩帶與罩杯邊緣
拿肩帶與罩杯邊緣互相輕輕搓揉，就可以去汙，不須用到刷子。

3 刷洗外罩杯
如果外罩杯有蕾絲或其他裝飾，可先用牙刷輕刷，再用手揉搓洗淨。

4 機洗
裝進內衣網袋放入洗衣機清洗，脫水10分鐘後再取出晾掛。

洗滌小知識 冷洗精與水混合後再放衣物

衣物要等冷洗精拌勻後才能浸泡，冷洗精不能直接往衣物上倒。同樣地，機洗時也應等空槽進水，倒入洗劑攪勻後，才能將衣物放進去，避免衣物殘留洗劑，對肌膚造成傷害。

2 Nubra隱形內衣

最多人穿也最常洗錯的衣物

送洗費用：約每件 70 元

- Nubra 上的膠膜不能遇熱，否則會失去黏性並加速融化。

加冷洗精不能機洗 陰乾可保持黏性

去汙工具
- 冷洗精
- 舊牙刷

很多人錯誤清洗 Nubra，很快就失去黏性！要先瞭解 Nubra 的構造，外層有矽膠、棉布、蕾絲等各種材質，但與皮膚接觸的內面則是用矽膠做成，具有黏性，建議用冷水或加了冷洗精的冷水手洗，搓揉力量不可太大，洗後用布擦乾，晾在陰涼處、不能日曬。

STEP BY STEP

1 倒入水、冷洗精
將水和冷洗精倒入水盆中，記住不可用沐浴乳、洗衣粉清洗，否則會失去黏性。

2 攪勻洗劑
用牙刷將冷洗精攪拌均勻。切勿直接在內衣上倒入冷洗精，除了會洗不均勻外，又傷衣料。

3 手洗輕搓內面
將內面也就是矽膠材質那面，放入水中輕輕搓揉；再翻過來以牙刷輕刷外層。用水沖淨，擦乾後晾乾。

4 包內衣網袋機洗
如果需要機洗，要先裝進胸罩網袋中，在洗程第二段時加入冷水、冷洗精，脫水 30 秒後晾乾，禁止烘乾。

洗滌小知識　Nubra 用溫熱水，膠膜會融化

坊間流傳 Nubra 可以用溫熱水洗，甚至用吹風機熱風吹乾。但基本上水溫若超過 50 度，膠膜就會融化且失去黏性。建議用冷水清洗，水溫不要超過 30 度，若真的想省時間，吹風機只能用冷風吹乾。

3 內著

最多人穿
也最常洗錯的衣物

內褲

送洗費用：約每件45元

- 手洗內褲比較乾淨，不會沾染其他衣屑。

去汙工具
- 冷洗精
- 酵素洗衣精
- 舊牙刷

手洗不傷布料
酵素清除分泌物！

由於內褲多為棉、絲、彈性蕾絲等細緻衣料製成，因此不建議全程機洗，怕傷害布料，當天先手洗預處理較衛生、乾淨。另外，洗滌時可用市售專用的蛋白質酵素洗液，或酵素洗衣粉清洗內褲的分泌物，白色內褲也能徹底洗淨。

STEP BY STEP

1 用冷洗精浸泡
在裝滿2/3水量的水盆裡，倒入等比例的冷洗精攪拌均勻，將內褲浸泡5分鐘後擰乾。

2 酵素分解內褲底汙漬
褲底容易出現的髒汙為蛋白質汙漬，倒上少量蛋白分解酵素可溶解髒汙。

3 細部刷洗
拿牙刷刷洗後，用清水輕柔洗淨。若需要丟洗衣機，機洗前先裝進密網袋或雙層網袋。

4 裝網袋短程機洗
內褲已預處理過，機洗時只要使用洗劑、冷水以短程清洗和脫水即可。

洗滌小知識　不可在洗內衣褲時加柔軟精

柔軟精可以讓衣物變柔軟減少摩擦，因此許多人會在洗衣過程的最後加入。但由於柔軟精會破壞衣物中的彈性纖維，所以洗貼身衣物時不建議放入。

NG!

4 內著

最多人穿 也最常洗錯的衣物

送洗費用：約每件 **120元**

塑身衣褲

- 塑身衣的材質種類很多，為了維持塑性，第一步就是要檢查洗滌標籤。

去汙工具
- 水晶肥皂水
- 舊牙刷

用牙刷加冷水輕刷
不能烘乾，避免塑性消失

塑身衣物材質各異，大部分為萊卡、棉質等，共同點是都含有10%以內的彈性紗，以達到塑身效果，價錢也偏高。這類衣物絕對不能用熱水，也不能烘乾，要避免高溫讓彈性紗鬆脫而失去功能。

STEP BY STEP

1 檢查領口和肩帶
塑身衣通常穿在裡面、不容易髒，但要注意領口、肩帶、腋下的汗漬和殘妝。塑身褲則要檢查腰部和褲底。

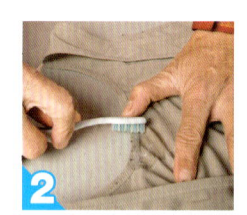

2 以肥皂水輕刷
上述易弄髒的地方用肥皂水刷洗，不需要太用力。牙刷材質軟，比較不傷衣料。

3 扣上排扣
若塑身衣物有排扣請扣上，以免在洗滌時容易鉤傷衣物布料。

4 包網袋短程機洗
裝進密網洗衣袋，用冷水、洗劑洗滌，清洗和脫水時間不可過長，也不可烘乾。

洗滌小知識 洗塑身衣褲別用洗碗精

塑身衣褲中都有彈性纖維，而彈性紗最怕洗碗精等除油清潔劑了，因此預處理時用肥皂水即可。另外，日曬也容易造成彈性纖維硬化、斷裂，請晾在通風處陰乾。

NG!

PART 3

其他 1 — 最多人穿也最常洗錯的衣物

送洗費用：約每件 150 元

防風手套

- 防風手套目的是要保護雙手，材質比較厚，用刷洗才夠乾淨。

去汙工具
- 天然洗碗精
- 洗衣刷

外表髒內裡更髒 機洗時要翻面

內裡常與肌膚接觸，容易沾染油脂、手汗等汙漬。建議清洗時，先用洗碗精浸泡外層，刷洗完表面後再翻面機洗。內層不用特別刷洗，加入洗劑機洗就足夠了。另外，如果有鉤環建議先放網袋，才不會鉤壞其他衣物。

STEP BY STEP

1 倒入洗碗精浸泡
在清水中加入一些洗碗精攪拌均勻，並將手套完全浸泡在溶液中，靜置 20～30 分鐘。

2 刷洗外層
用洗衣刷刷洗手套表面，指間夾縫也需翻開來刷淨。

3 手套翻面
將手套內層翻出，每根手指都要翻到最底部，如果用手不方便操作，可用筷子輔助。

4 放入網袋機洗
若怕手套鉤環鉤傷其他衣物，建議可包密網網袋，再投入洗衣機中洗滌。

洗滌小知識｜防風手套可以用多久呢？

防風手套的材質大多由化纖製成，基本上壽命大概為 2 年～2 年半。原本廠商在製造時，就大致設定了這程度的耗損時間，所以化纖衣物通常可使用兩年到兩年半。如果好好保養，也許使用期限可以再延長。

其他 2 圍巾・大披肩

最多人穿也最常洗錯的衣物

送洗費用：約每件 **230** 元

- 圍巾有很多材質，洗法也各不相同。

去汙工具
- 水晶肥皂水
- 舊牙刷

檢查材質 用正確洗法清洗

大致上披肩、圍巾都是由羊毛、壓克力、棉質所製成，一小部分為蠶絲。要如何清洗，需依材質洗標或試洗來決定，不要單方面聽信賣家的說詞。一般若為羊毛材質就用手洗；壓克力、棉質能丟洗衣機洗；蠶絲則需乾洗。

STEP BY STEP

1 確認材質及髒汙
清洗前先確認洗標，確認可水洗後，再檢查圍巾是否有沾染到汙漬的地方。

2 刷洗髒汙
為了避免傷害圍巾的織序，可用力道較小的牙刷，沾取肥皂水後清刷汙漬處。

3 將流蘇打結
若圍巾有流蘇，可將每條流蘇各自打結，機洗時才不會脫線。

4 流蘇內摺放網袋
流蘇往內包折裝進密網網袋，使用冷水、洗劑以短程清洗，脫水約15秒後晾乾。不可用熱水或烘乾。

洗滌小知識　以 M 字型晾乾法、晾衣網晾乾

披肩、圍巾都有一定長度，不利於晾起來，有些針織披肩若吊掛會造成變形，此時建議拿兩個衣架，以M字型方式披掛，或平攤在大型晾衣網上。

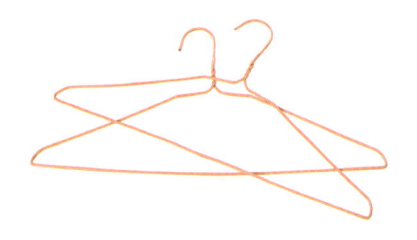

其他 3 最多人穿也最常洗錯的衣物

絲巾

送洗費用：約每件140元

- 處理前一定要看洗標，蠶絲絲巾碰到水就毀了。

去汙工具
- 天然洗碗精
- 舊牙刷

沾到化妝品先泡洗碗精
蠶絲絲巾送乾洗

真的蠶絲建議送到乾洗店，因為蠶絲絲巾會有絲光，一旦碰到水就會讓絲光消失，質感也會降低。除了蠶絲，另一種可能的材質就是化纖，可以水洗。絲巾是圍在脖子上，可能會沾染粉底、口紅、眼影等汙漬。碰到這類汙漬時，可先用洗碗精處理。

STEP BY STEP

1 檢查洗標後確認汙漬處
先看洗標確認可水洗，察看整體沾染髒汙的地方。

2 倒洗碗精
在步驟1提到要預處理的地方滴上洗碗精。

3 牙刷輕刷
通常絲巾材質比較薄，建議用刷毛柔軟的牙刷輕刷，避免造成損傷。

4 裝入網袋機洗
絲巾纖維較細，怕被鉤到脫絲，所以要先包細網袋，再用冷水、洗劑及正常洗程即可。

洗滌小知識 絲巾洗後皺皺的怎麼辦？

化纖的絲巾洗完後通常不會太皺，但如果想要讓它更平整，就需要整燙處理。熨燙時溫度記得要使用低溫整燙，大約130度到160度左右。溫度不要太高，以免把絲巾燙壞。

其他 4 最多人穿也最常洗錯的衣物

泳衣（褲）

送洗費用：約每件 100 元

- 泳衣不可用熱水洗滌，也切勿烘乾、曝曬。

去海邊、游泳池 泳衣洗法不一樣！

泳衣主要的成分有聚酯纖維、尼龍及彈性紗，這幾種材質都不耐高溫，如果用熱水洗滌或烘乾，會造成彈性紗鬆弛。

為什麼去海邊玩和去泳池游泳後的洗法不同呢？去海邊時，沙子會滲入泳衣纖維，所以要輕輕把布料撐開抖洗出沙子；而且去海邊通常會抹上防曬乳，可以用洗碗精分解殘留的乳液。去游泳池後則是要洗去泳衣上殘留的氯，用雙氧水就可除氯。

去汙工具
- 天然洗碗精
- 冷洗精
- 雙氧水

STEP BY STEP

海邊 洗法

1. 清水浸泡去鹽、沙
海中鹽分會傷害泳衣布料，到家建議趕快用清水浸泡。然後用雙手撐開泳衣布層，再抖洗出滲入的海沙。

2. 泡洗碗精搓洗
泳衣上容易殘留汗垢及防曬乳，可以加點洗碗精後小力搓揉，洗掉沾染的油汙。

3. 中性洗劑洗滌
中性的冷洗精加入低於30度的冷水，用手按壓清洗。如果要放洗衣機，建議包網袋快洗，脫水10～15秒後平放晾乾。

泳池 洗法

1. 用雙氧水浸泡
游泳池中的氯具有毒性、味道嗆鼻，同時也會傷害泳衣。用清水：雙氧水＝10：1的比例調勻，浸泡1～3分鐘。

2. 按壓洗淨
輕輕按壓，將殘留在泳衣上的氯搓洗掉。不需要過度刷洗或拉扯，以免泳衣變形。

3. 中性洗劑洗滌
中性的冷洗精加入低於30度的冷水，用手按壓清洗。如果要放洗衣機，建議包網袋快洗，脫水10～15秒後平放晾乾。

洗滌小知識　泳衣不耐熱，別曬到太陽！

泳衣的材質一般都含有10%以上的彈性紗，不耐溼也不耐熱，不適合曝曬在陽光下，平時建議收在通風陰涼處，或放除濕劑在衣櫃裡妥善保存。另外，因為防蟲劑會傷害泳衣布料，如果家中有防蟲劑，絕對不可直接接觸泳衣。

PLUS 搶救衣服大作戰
縮水・車線歪掉・洗破處理法

有時候一忙、洗標標示不正確，就不小心將毛衣與其他衣物一起丟進洗衣機，導致縮水；還沒注意到洗滌細節，在機洗前沒先裝進洗衣網袋，造成衣物鉤破；又或是脫水時間過長，結果衣服車線歪掉等等。雖然洗壞了，但看起來不嚴重、捨不得丟掉嗎？這裡就教你如何搶救這些衣物，讓它恢復原狀！

處理 ❶ 毛衣誤丟洗衣機導致縮水
利用蒸氣回復彈性，拉整復原！

想要恢復縮水纖維原本的彈性，可以利用熨斗的蒸氣。拿起熨斗熨燙時，切記不可直接碰到衣物，熨斗與毛衣至少要距離0.5公分。另外，可以請一個人在你熨燙時，幫忙輕拉毛衣，利用「一燙一拉」就能讓衣服恢復到原本尺寸。

★注意：如果原本買的時候尺寸太小，想利用此方法變大是不可能的。還有，如果毛衣縮水的程度太嚴重也無法救回來，適用範圍約在1～2吋內。

1 在距離毛衣0.5公分處，以中溫（攝氏130～160度）的熨斗蒸熱，禁止碰觸到衣物。

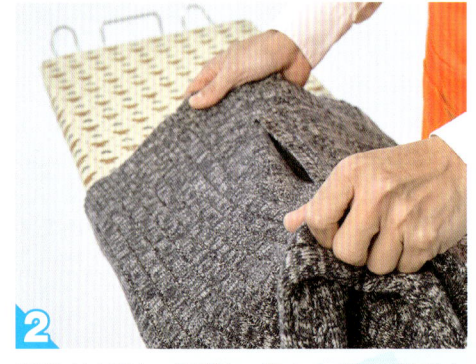

2 蒸熱的同時，可請一個人在另一邊反向拉，讓衣服恢復原尺寸。也可以稍微烘熱後自己將毛衣拉伸。

處理 ❷ 如何避免衣服洗破的情況發生？
事先處理口袋、鐵鉤、鈕釦

1 口袋
清洗前先檢查口袋中有沒有零錢、尖物、紙片沒取出，或別有別針。

2 鐵鉤、鈕釦、拉鍊頭
這些較尖銳的物品，在下水前先用鋁箔紙包住，再用橡皮緊綁緊。

3 包密網袋機洗
容易造成危險的衣物獨自清洗。如果衣物上配有腰帶，要先拆下裝進網袋；心愛衣物也可裝進密網洗衣袋，避免洗壞。

處理 ❸ 脫水時間過長，T 恤兩邊車線歪掉
利用熨斗燙整齊！

1 先在燙馬上攤平T恤，左右對折後檢查是哪邊短小或歪掉。

2 先處理歪掉那邊，雙手將歪掉的縫線拉撐，讓縫線回到正確位置並固定。

3 用熨斗拉整、燙平定型。燙好後不要用衣架掛起，改以平放晾收，避免兩邊重量不平均，造成車線再次歪掉。

4 (NG!) 下次要注意容易縮水或皺摺變形的衣服，不要浸泡、機洗脫水，洗好後也不要吊掛，改以平放的方式晾乾，否則很難維持衣型。

PART 4

最難搞懂
也最常洗壞的衣物材質

洗標上標示的衣料百百種，讓人眼花撩亂，到底該怎麼洗呢？
熱水洗、冷水洗？洗快一點、洗久一點？
本單元告訴你12種生活中常見的材質，讓你跟老師一樣變專家！

1

最難搞懂
也最常洗壞的衣物材質

送洗費用：約每件 **120元**

棉 Cotton

深色衣減短洗程免浸泡
棉質衣不可烘乾

淺色棉質衣物可用攝氏40～60度的溫熱水清洗；如果想增加白衣的亮白度，可拿清水加含氧漂白粉，浸泡10～15分鐘再機洗。深色棉質衣物不能用含氧漂白劑去汙或浸泡，機洗時要縮短洗程才不會褪色。另外，只要棉質含量高的衣物都不可烘乾，否則會縮水變形。

製成衣物 T恤、內衣褲、襯衫、牛仔褲。

質料特性 純棉製品相當親膚又吸濕，能與其他纖維混紡，或是經過再處理製成特殊布料。棉屬於天然植物纖維，用途廣、質地堅韌、吸水性強，透氣度也很高，穿用非常舒適。除了禁得起洗滌外，還是最便宜的天然布料。

判斷方法 燃燒法 → 棉屬於天然植物，燃燒後會有燒木頭的味道，灰燼為灰色羽毛狀，一捏即碎。

洗整要點 棉質衣物容易在洗脫摺收時產生皺摺，晾掛時要先甩開、甩平。如果要整燙，需在衣物下方墊布快速熨燙。因為棉接觸高溫或烘乾容易縮水。

STEP BY STEP

1 確認洗標
先檢查棉質衣物的洗標，若為淺色可先用熱水預處理。

2 倒洗劑
檢查衣物有髒汙的地方，根據汙漬特性選擇適合的洗劑（洗碗精、肥皂水或酵素洗衣粉）。

3 刷洗去汙
在倒洗劑的地方，用刷子或牙刷刷洗。

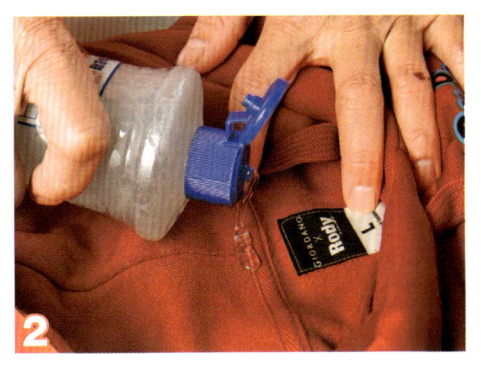

4 機洗
若衣物上有亮片等裝飾物，須裝進洗衣網袋再放進洗衣機。脫水時間約3分鐘，拿出來後用力甩消除脫水痕跡並晾乾。千萬不能烘乾，會縮水變形。

洗滌小知識 「有機棉」是什麼？

在栽種棉花的過程中，盡量不灑化學藥劑，後續製造包含紡紗、織布、染整等程序，也以天然材料進行，我們稱之為「有機棉」。即使與極敏感的肌膚接觸，也不會造成傷害。丟進洗衣機後，建議可用天然肥皂洗滌，設定冷水慢速。

2 最難搞懂也最常洗壞的衣物材質

送洗費用：約每件 **120**元

丹寧 Denim

初次下水加鹽定色

丹寧主要由棉與靛藍染料製成，每次清洗都會稍微褪色。深色牛仔褲最好翻面減緩摩擦掉色，可和深色衣物一起洗滌。初次下水加鹽可以定色。

- **製成衣物**　牛仔褲、牛仔外套、牛仔包等。
- **質料特性**　丹寧這名稱源自叫 Denim 的靛藍色天然色素；而丹寧布（Denim）主要成分是棉（Cotton）。織法採「二上一下」的斜紋布即牛仔布。
- **判斷方法**　確認材質標籤 → 主要材質是 COTTON。
- **洗整要點**　初次下水的丹寧布一定會褪色，建議首次清洗時單獨機洗。

STEP BY STEP

1 泡鹽水定色
初次下水的丹寧褲，特別是深色款，要先泡鹽水1小時定色再沖洗乾淨。

2 單獨清洗
在預處理或機洗時，最好不要與其他衣物混洗，因為單寧衣物多少會褪色。

3 翻面機洗
丹寧褲進洗衣機前要先翻面。加入冷水、洗劑，用標準洗程清洗，禁烘乾。

洗滌小知識　牛仔褲通常會加入化學、彈性纖維

市售丹寧布並非100%純棉，因為純丹寧布延展性不夠，穿起來會很硬，一般會適量加入化學纖維、彈性纖維，使其柔軟富伸展性。例如：C/T/SP＝棉＋特多龍＋彈性纖維；C/N/SP＝棉＋尼龍＋彈性纖維。（T＝Tetoron，SP＝Spandex，N＝Nylon）

3 最難搞懂也最常洗壞的衣物材質　送洗費用：約每件120元

聚酯纖維 Polyamide

深色衣禁用含氧洗劑

大多聚酯纖維禁可水洗，少數會摻雜不可水洗的成分。洗滌淺色衣物的水溫約攝氏50～60度；深色衣物則約30度。深色衣禁用含氧洗劑，容易褪色。

- **製成衣物**　洋裝、T恤、襯衫、防風外套等。
- **質料特性**　聚酯纖維常製成運動排汗或刷毛衣物，質輕保暖、快乾防縮、不易皺，穿起來比純棉硬，性質像羊毛，常和羊毛、嫘縈、棉等混紡。
- **判斷方法**　檢查材質洗標 → 聚酯纖維本身可水洗，但常與其他材質混製。
- **洗整要點**　容易有靜電，會吸附其他汙漬、衣屑，最好單獨清洗。

STEP BY STEP

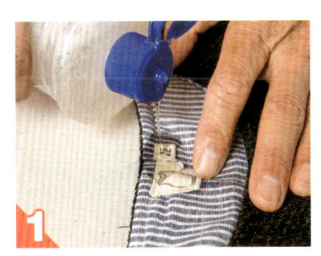

1 倒入洗劑
檢查髒汙處，倒入適合洗劑，單獨預處理。注意洗前要確認洗標。

2 刷洗去汙
用刷子或牙刷刷洗髒汙處後再機洗。容易沾上其他汙屑，建議獨立機洗。

3 機洗
織法較細的彈性紗、排汗衫應裝網袋，再以標準程序清洗、脫水後晾乾。

洗滌小知識　「排汗衣」主要以聚酯纖維製成

市面上沒有規定聚酯纖維和棉質要多少比例才是排汗衫，有些甚至內外材質不同。可依照運動項目選擇。聚酯纖維比例高，排濕效果佳，但彈性差；含棉比例高則相反，彈性好，但易起毛球且排汗效果差。

4 最難搞懂也最常洗壞的衣物材質　　送洗費用：約每件**230**元

尼龍 Nylon

勿烘乾，以弱鹼洗劑清洗

化學原料提煉的尼龍不耐曬、容易老化，洗滌後不能烘乾。要以弱鹼性洗劑洗滌，水溫在攝氏45度以下。吸水性差，經常和羊毛、棉質混紡，作為衣物用料。

- **製成衣物**　風衣外套、制服、泳衣、絲襪、褲襪等。
- **質料特性**　尼龍的纖維堅韌而長，輕巧、快乾、不易皺，從石油化學原料提煉，價格便宜。
- **判斷方法**　檢查材質洗標 → 常和棉、羊毛等混紡，以主要成分決定。
- **洗整要點**　合成纖維比天然纖維強韌，較能對抗化學洗劑。

STEP BY STEP

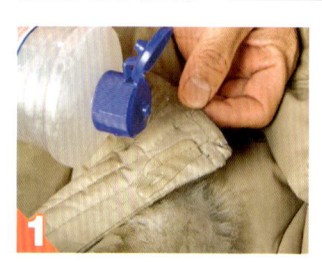

1 倒入洗劑
檢查髒汙處，倒入適合洗劑，單獨預處理。洗前須確認主要成分。

2 刷洗去汙
針對較髒處，如領口、袖口、意外汙漬進行搓揉與刷洗。

3 機洗
拉鍊拉上、袖子內摺，加冷水、洗劑以標準程序清洗，脫水10秒晾掛。

洗滌小知識　哪些尼龍製品不能水洗呢？

經過防水處理的尼龍製衣物不能水洗，如雨衣、滑雪裝等，會破壞防水功效，建議送乾洗店。要保護防水功能，可以去大賣場購買「防潑水噴劑」。

5 最難搞懂也最常洗壞的衣物材質

送洗費用：約每件110元

壓克力 Acrylic

易起毛球，要冷水洗滌

壓克力布料易起毛球、有靜電，要用冷水沖洗，不可烘乾，否則會鬆弛、失去彈性。熨燙時，要等乾了才能燙，避免布料變形。

- **製成衣物**：毛衣、毛毯等保暖衣物。
- **質料特性**：壓克力（Acrylic）壓縮性好、快乾、不易皺，洗滌簡單，是能下水的人造纖維。因蓬鬆不重，常製成保暖織品，不會讓皮膚過敏。
- **判斷方法**：檢查材質洗標 → 壓克力加尼龍可機洗，和羊毛混紡則要手洗。
- **洗整要點**：100%壓克力能直接機洗，但只能用常溫冷水洗滌，不能烘乾。

STEP BY STEP

1 確認衣物洗標
檢查材質洗標，如果壓克力纖維比例較大，就能安心機洗。

2 包網袋
如果衣物上有髒汙，可在機洗前先處理。包網袋後以標準程序清洗。

3 機洗
脫水3分鐘再平晾。不論壓克力占多少比例，都要避免烘乾，預防變形。

洗滌小知識：壓克力取代兔毛、羊毛

壓克力經過改良和發展，保暖功能越來越好。發熱衣就是由此材質製成，除了保暖功效佳外，清洗更是方便，所以慢慢取代了兔毛、羊毛的市場。

6 最難搞懂也最常洗壞的衣物材質

送洗費用：約每件350元

天然羊毛 Wool

• 此標章為純羊毛的國際認證標誌。

吸水力強富彈性
若採水洗請縮短洗程

動物羊毛的織造結構多變，部分織品會與人造纖維混紡。純羊毛的吸水性強，摸起來不但柔軟又有彈性。羊毛製成的衣物不容易變形、變皺，但容易吸附髒汙。建議送乾洗，但若要丟洗衣機得縮短洗程，防止傷害。

製成衣物　毛衣、毛毯等禦寒衣物。

質料特性　羊毛屬於蛋白質纖維，缺點是容易受到蟲害，另外白色衣物若曬到太陽，可能會產生泛黃現象。如果沒有好好保養，容易縮水、變形、變硬及褪色。

判斷方法　燃燒法 → 天然動物毛（羊毛、兔毛等）用火燃燒後，會有像是燒到毛髮的味道，燃燒後的殘渣形狀似一個小黑點，一捏就碎。

　　　　　　檢查材質洗標 → 大部分洗標會註明羊毛所占百分比，純羊毛則會有認證標示。

洗整要點　除了防縮毛衣外，羊毛衣不能機洗。手洗時最好以壓洗方式洗滌，避免衣物變形。另外，不當的搓揉容易造成羊毛的鱗片組織打結，導致縮水。

STEP BY STEP

1 加入冷洗精
在水盆中倒入攝氏28度左右的冷水，水量蓋過衣服，再放入冷洗精。

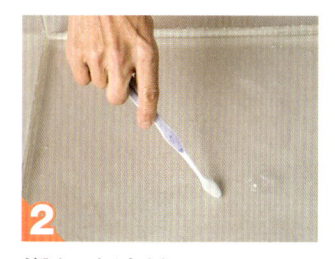

2 攪勻冷洗精
將冷洗精攪勻後，把毛衣放入盆中。

3 輕柔壓洗
以雙手輕壓毛衣的方式洗滌。倒掉盆內的水後，再以刷子輕刷髒汙處。

4 將毛衣浸泡在白醋水
重新將盆子裝溫水並加入1湯匙白醋，放入毛衣浸泡10分鐘，使羊毛纖維變柔軟。

5 拿浴巾吸乾
在毛衣底下墊一條大浴巾，用捲的方式吸乾水分後，平鋪晾曬。

6 防縮毛衣可機洗
如果是防縮毛衣就可丟入洗衣機，加入冷水、洗劑以快洗程序清洗，脫水30秒鐘後，平鋪晾曬。

洗滌小知識 為什麼羊毛會縮水？

造成羊毛毛衣縮水的原因，主要是水溫和洗滌方式錯誤。羊毛屬於動物性纖維，很容易糾結在一起。羊毛表皮上有一層鱗狀纖維，洗滌溫度高，纖維就會打開，如果再加上強力搓揉刷洗，纖維便會全部纏繞打結，導致衣物緊縮。如果想要避免縮水，那麼從開始到洗滌結束都讓水溫保持28度是最有效的辦法。因為最適合清洗羊毛的水溫大約是28度，以1：3的比例混合熱水及冷水即可調製出來。

7 最難搞懂也最常洗壞的衣物材質　　送洗費用：約每件 **230** 元

絨布 Flannelet

小力順毛刷，保護絨毛

洗絨布要小心，太大力會傷害絨毛，使絨布無法復原，也不能用硬毛刷刷洗。另外注意要順著絨毛刷。熨燙則要趁衣物還沒乾之前，墊塊布或翻面燙背面。

- **製成衣物**　冬衣、休閒褲、地毯等保暖衣物。
- **質料特性**　絨布（Flannelet）屬於合成纖維；一般會和棉或其他纖維混紡。
- **判斷方法**　檢查材質標籤 → 絨布是合成纖維，除材質標明為絲絨必須送乾洗外，通常都可水洗。
- **洗整要點**　為避免絨毛在和其他衣物摩擦受損，混洗前要先裝進網袋。

STEP BY STEP

1 倒洗衣精
在領口、袖口等易髒處滴上洗碗精做預處理。

2 用軟毛刷順刷
依照著絨毛的方向，拿軟毛刷順刷，將藏在絨毛裡的灰塵、髒汙刷出來。

3 機洗烘乾
裝網袋清洗並脫水3分鐘。可以用攝氏40～50度低溫烘乾10分鐘去除水痕再晾曬，不可烘到全乾。

洗滌小知識　什麼叫做倒絨？

洗完沒有順過絨毛就直接晾曬時，會產生毛向和光源折射不均的現象，看起來沒光澤也不整齊，這就是「倒絨」。有3種方式可預防：1.從洗衣機拿出後大力甩，將絨毛順平再晾曬。2.低溫烘乾10鐘再吊掛。3.拿熨斗以140度蒸氣熨燙絨布背面。

8 最難搞懂也最常洗壞的衣物材質

送洗費用：約每件120元

聚氨酯 Polyurethane

真皮送乾洗，合成皮可機洗

又稱合成皮，縮寫為PU，壽命短，2年就會脫皮。淺色皮衣的汙漬難除。不能乾洗，只能用油性洗劑擦拭防龜裂。

製成衣物 皮衣、包包等皮製品。

質料特性 較不透氣，觸感像塑膠。保暖、不易皺又便宜，較不怕水及清潔劑。

判斷方法 燃燒法 → 合成皮起燃、擴散速度快，真皮須花1～2分鐘且範圍小。搓揉法 → 輕搓皮革層，真皮不會位移，合成皮會。戳刺法 → 用一根針刺入，真皮不好刺，合成皮則能輕鬆刺入。

洗整要點 需先預處理並用常溫水清洗，機洗時最好裝網袋減少摩擦，勿烘乾。

STEP BY STEP

1 拉上拉鍊
確認為可水洗後，將衣物的拉鍊拉上，避免清洗時勾壞衣物。

2 用肥皂液刷洗
皮外套不易沾染髒汙，但若有則可拿沾滿肥皂液的牙刷或洗衣刷刷洗。

3 機洗
裝進疏網網袋標準洗滌並脫水3分鐘；可低溫烘乾2～3分鐘去水痕再晾曬。

洗滌小知識 皮革特色與缺點大解密

皮革有表面光滑的軟皮革（Smooth leather），和有絨毛的絨皮革（brushed leather）。軟皮革只要用皮革清潔劑和皮革保養油即可。以清潔劑去汙會讓皮失去光澤，但塗保養油就可解決。絨皮革髒時絨毛會躺平，可用刷子刷起絨毛。嚴重髒汙就要用磨砂紙以畫圓的方式刷。

9 最難搞懂也最常洗壞的衣物材質　　送洗費用：約每件 **230** 元

醋酸纖維 Acetate

不耐磨，不建議水洗

醋酸纖維太輕柔，無法與其他布料混紡，容易磨損。通常外面布料還好，內襯就破了。水洗會導致縮水，脫水會變皺，也不好燙平，建議最好送洗衣店乾洗。

- **製成衣物**　常做成高級外套或禮服的襯裡。
- **質料特性**　醋酸纖維（Acetate）服貼、吸濕，光澤如絲綢、觸感柔軟，成本也低，常被做成襯裡。
- **判斷方法**　檢查材質標籤 → 一般會標示外衣、內襯的質料，可透過內襯質料判斷衣服價值。
- **洗整要點**　不能水洗也不能脫水，可以拿大浴巾將水吸乾，建議最好送乾洗。

STEP BY STEP

1 輕柔壓洗
拉上拉鍊後放入裝冷洗精和水的盆中，以雙手輕壓的方式洗滌。

2 肥皂液刷洗
如果有明顯髒汙，可用肥皂液輕輕刷洗，再用清水沖乾淨。

3 拿浴巾吸乾
不需機洗，將大浴巾用捲的吸乾水分，脫水3分鐘後平鋪晾曬，勿烘乾。

洗滌小知識　**醋酸纖維若沾汗漬要及時處理！**

醋酸纖維吸水性好，最怕沾到汗漬。汗漬是水溶性汗漬，要用水清除，但醋酸纖維碰水會縮水，如果沒有及時處理容易褪色、氧化，造成永久損害，送去乾洗也救不回來。

10 嫘縈 Rayon

最難搞懂也最常洗壞的衣物材質

送洗費用：約每件 **230元**

PART 4

少數可水洗，要注意假性縮水

嫘縈親膚性佳，大多被製成內裡。因為易皺、易縮水、易褪色，所以大部分嫘縈衣物建議乾洗。如果混紡比例不超過50％就可水洗，只是要注意假性縮水的狀況。

製成衣物 女性服飾、衣物內襯。

質料特性 嫘縈（Rayon）觸感像絲綢，光澤漂亮，吸水性強，屬再生纖維。

判斷方法 檢查材質標籤 → 嫘縈會與其他材質混紡，先看洗標再決定洗法。

洗整要點 建議送乾洗，只有混紡比例符合在規定範圍內才能用中性洗劑水洗。

STEP BY STEP

1 加入冷洗精
在水盆中倒入冷水，蓋過衣服的水量，然後放入冷洗精攪勻。

2 輕柔壓洗
將衣物放入盆中，以雙手輕壓的方式洗滌，避免傷害衣料。

3 機洗
裝進密網袋，在第二次清洗時放入，脫水3分鐘晾乾。禁止烘乾。

洗滌小知識 假性收縮是什麼意思？

嫘縈布料屬於壓製再生纖維，潮濕時強韌度很弱會像是變小，這就是「假性收縮」。想恢復原狀就要熨燙，不需墊布，以攝氏140～160度的中溫熨燙即可。熨燙時，另一手要稍微拉撐，使衣物恢復原狀。一段時間後就會回到原大小。

11 蠶絲 Silk

最難搞懂也最常洗壞的衣物材質

送洗費用：約每件 **400元**

沾到汙漬立刻送乾洗

蠶絲在燈光照射下容易泛黃，白色的更加明顯，不好保存。如果意外沾到汙漬，請馬上送乾洗，自行水洗可能會使蠶絲光澤消失，讓衣物黯然失色。

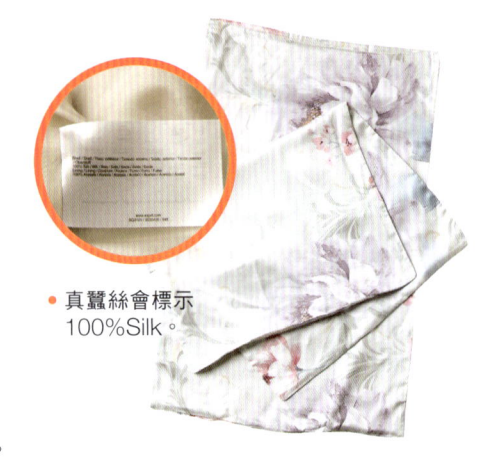

- 真蠶絲會標示 100%Silk。

製成衣物　內衣褲、女性服飾及高級床組。

質料特性　蠶絲（Silk）屬於動物纖維，穿在身上可調節體溫、冬暖夏涼，而且質地細柔、觸感極佳。

判斷方法　檢查材質標籤 → 蠶絲製品須乾洗，不能水洗。

洗整要點　意外沾到嚴重汙漬時，可先做預處理，最後送乾洗。

STEP BY STEP

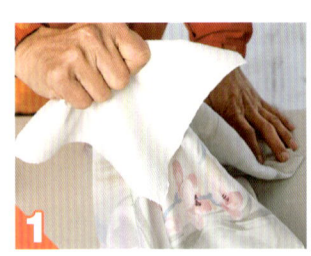

1 紙巾捏起油性汙漬
若沾到油性汙漬，可用紙巾先捏起殘渣；若是水性汙漬，因不能碰水，可能送乾洗也無法清除。

2 不能水洗（NG!）
蠶絲衣物不可以碰水，所以若碰到汙漬，先降低傷害後，趕快送去乾洗。

3 送乾洗店乾洗
將衣物送去乾洗店，若衣物上有明顯汙漬，請事先知會老闆處理。

洗濯小知識　什麼是「裂紗」？

常穿蠶絲衣服的人也許會發現，衣服常活動處會有一條條的痕跡，那就是「裂紗」。會發生這種狀況是因為穿久了，容易在腋下等經常拉撐的地方出現裂痕。

12 天絲棉 Tencel

最難搞懂也最常洗壞的衣物材質

送洗費用：約每件110元

可水洗勿烘乾

天絲棉屬天然環保素材，種植、製作都不使用化學物質，以不傷害人體的溶劑製造。「天絲」是一種品牌，衣物材質含有30%以上的萊賽爾或莫代爾棉，就可以掛上天絲的吊牌。

製成衣物	服飾、寢具類。
質料特性	天絲棉（Tencel）不易縮水、吸濕、速乾且強韌，還能被生物分解。光澤如同絲綢，觸感則如棉般柔軟。
判斷方法	檢查材質標籤 → 確認洗滌標籤，依照洗標洗滌不傷衣料。
洗整要點	裝進洗衣網機洗，加入中性洗劑，水溫不超過攝氏30度，勿烘乾。

STEP BY STEP

1 加入冷洗精
倒入冷水再放入冷洗精攪勻，蓋過衣服的水量。放入水盆浸泡、小力搓洗。

2 肥皂液刷洗
在較髒處，以沾滿肥皂液的洗衣刷刷洗，不用擰乾。

3 機洗
裝進密網洗衣袋，加冷水、洗劑以快洗程序清洗，脫水3分鐘後晾乾。

洗滌小知識　天絲棉真的不能烘乾嗎？

大部分天絲棉的洗標上都註明不能烘乾，但其實適當地烘可以讓天絲棉衣物、床單更快乾，也能減少機洗造成的皺紋。建議以攝氏60～80度的低溫烘3分鐘，再自然晾曬。

最新、最常弄錯的衣物材質洗滌建議！

1. 石墨烯

可用一般冷水機洗，切勿烘乾！

石墨烯是由石墨剝離出來的元素，將其奈米化後編織在布料纖維上，它的特性是聚熱很快、散熱也很快，目前被廣泛運用在衣服、彈性褲及寢具用品。此外，石墨烯密度很高，其纖維韌度比鋼材強200倍，因此基本上是不會被洗壞，也很好照顧。最重要的是要用冷水清洗，並注意洗完後千萬不能烘乾，否則會破壞高溫導熱功能。

在購買石墨烯產品時，要特別注意它的比例或純度，因為目前台灣並沒有法規可以認證，因此會有不肖廠商宣稱產品有石墨烯的功效，價格較為便宜來魚目混珠，實則含量卻是很低或根本只是一條普通棉被。因此，大家可依價格和品牌慎選相關的產品，較為有保障。

2. 亞麻材質

麻料易皺需縮短洗程，深色亞麻要送乾洗或手洗！

亞麻質料常用在女性春夏裝，因為具有透氣、吸濕的作用，但相對也很容易皺、纖維也比較粗，親膚效果比較差。當遇到含有麻料的衣服髒汙時，首先要分為淺色和深色，淺色麻料可以在家水洗，需縮短洗程才不會因為過於揉搓、拉扯到纖維而變形。深色麻料的衣服最好是送乾洗，因為麻料本身的色牢度較差，經過洗衣機攪拌後很容易褪色。若不想送乾洗，也可以在家用中性洗劑手洗的方式清潔。

3. 太空棉

要包網袋！遇到需要預處理的汙漬，用牙刷輕刷即可！

太空棉又稱金屬棉，不是一般的纖維材質，因為布料纖維較密具有保暖的作用。一般建議水洗、輕柔洗程即可。當遇到需要預處理的汙漬，要用軟毛牙刷輕刷即可，過於大力可能會造成痕跡，再放入網袋中丟入洗衣機。要特別注意的是，太空棉不可以乾洗會破壞纖維。

4. 莫代爾棉

是再生嫘縈的一種，切勿乾洗曝曬！

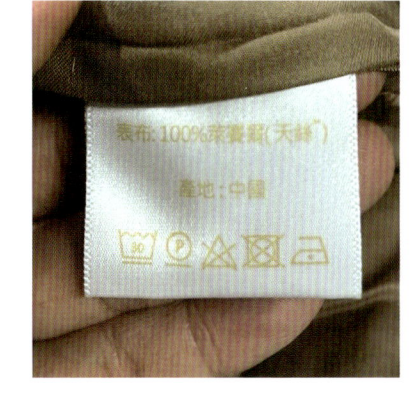

莫代爾棉主要原料為可再生的櫸木，製程化學品回收率高達95%，所以沒有汙染。莫代爾棉也是大家俗稱的再生嫘縈，和市面上的天絲（Tencel）和萊賽爾都是類似的環保素材，只是從不同纖維提煉出來。莫代爾棉比傳統的嫘縈纖維強度較高，因此可以水洗，洗法可以參照P121。但因為莫代爾棉是以木材纖維提煉，吸濕排汗效果很好，相對地在水洗後必須避免烘乾及高溫曝曬，造成纖維受損而破壞衣物的壽命。

5. 涼感衣 / 發熱衣 / 內刷毛 / 機能衣

不要使用柔軟劑！會使機能降低！

這類產品都屬於有功能的機能衣服。涼感衣大多是添加玉石纖維，所以穿起來有冰涼的感覺；發熱衣和內刷毛，則是含有特殊纖維與身體水蒸氣結合產生熱能，使穿起來有保暖的效果；機能衣，例如Go-Tex是塗料的薄膜技術，具有高透氣性、吸濕排汗的功效。以上這類型的衣物，最好都以洗衣精、一般正常的水洗洗程處理，但不可以使用柔軟劑。

柔軟劑之所以可以讓衣物摸起來觸感較好，最大的原因就是將衣物纖維順毛蓋住；如果我們在清潔這類機能衣時，又覆蓋一層柔軟劑，將這些原有功能的纖維材質或塗料蓋住，會使得功效降低。

此外，這類型衣物最好要經常穿，不要因為價格昂貴而捨不得穿它，這類型衣服的壽命大約2至4年，不穿放置衣櫃裡與空氣結合氧化，功效也是逐年遞減。

6. Bra Top

彈性紗比例高，不要熱水洗滌，切勿烘乾！

這類的衣服材質需要較好彈性和包覆感，因此彈性紗比例較高，以達到前兩者的效果。彈性紗最怕高溫烘乾，就像橡皮筋一樣，遇熱彈性纖維會疲乏而失效。洗法可以參照P98。

7. 防曬外套

織密度高，要包網袋清洗以免被鉤破！

防曬外套的布料較細，必須要包網袋，避免在洗滌過程中被鉤壞，如果擔心袖口洗久了會鬆掉，可以用橡皮筋綁住袖口避免彈性疲乏。特別注意的是，不要使用洗衣粉，用洗衣精清洗最佳。

8. 發霉的真皮衣、真皮包

用中性洗劑水洗陰乾，才是根除黴菌的方法！

台灣天氣潮溼或保存不當，真皮衣物、包包不論是羊皮、牛皮等都很容易發霉。網路上有許多方法都宣稱可以處理黴菌，但以我的經驗，直接用中性洗劑水洗後，縮短洗程並完全陰乾，才可以真正根除黴菌。我們的肉眼可以看到發霉，其實黴菌根絲已經深入纖維之中，雖然有人說用橡皮擦可以擦掉黴菌，只能處理表面的黴菌，並不能根除。

特別提醒，如果你的包包會染色、褪色，用水洗會有掉色的可能。若送到外面專業洗包店，通常會加一道定色、補色的工序，才能讓包包煥然如新。

9. 麂皮鞋，麂皮類衣物

針對髒汙輕刷洗淨即可，日常可用麂皮防護劑保護！

麂皮大多是豬皮、牛皮等加工而成，是將皮革翻面刷毛皮。日常保養可以到皮革專門到買麂皮防護劑，可以噴在麂皮鞋上，減少髒汙附著在鞋面上。

當麂皮衣物、鞋子有汙漬時，通常有兩種處理方式：

① 直接浸泡清洗，利用中性清潔劑，明顯汙漬可以用洗碗精的海綿輕刷清洗，自然陰乾即可，勿用吹風機熱水吹乾。平常可以用鋼刷、鬃毛刷梳理表面皮毛使其回到原狀。

② 用生膠橡皮擦，針對輕度汙漬，可以用生膠橡皮擦快速清潔。

PART 4

PART 5

最需要洗
卻最不會洗的居家用品

家裡的棉被、枕頭、窗簾、布偶，這些東西一整年下來沒洗過幾次。
覺得髒卻又捨不得送洗，就這樣一直忍、忍、忍……
不用再忍啦！洗衣達人教你在家也把這些東西洗得清潔溜溜。

1 枕頭套・被單

最需要洗卻最不會洗的居家用品

送洗費用：約每件 **400** 元

去汙工具
- 酵素洗衣粉
- 含氧漂白粉
- 洗衣刷

- 布品花色非印染才能用熱水。

易沾蛋白質汙漬
用酵素洗衣粉及熱水清洗

枕頭套容易發黃？被單總有一塊顏色特別深？因為枕頭套、被單的汙漬大多是口水、汗漬等蛋白質汙漬，沒洗乾淨，久了會有黃斑。只要泡熱水加酵素洗劑就能分解蛋白質。但如果是單面印染就不能用熱水，否則會褪色，替代洗法見以下「洗滌小知識」。

STEP BY STEP

1 酵素洗劑加熱水
確認不是單面印染後，將1匙酵素洗衣粉，加入裝熱水的水盆拌勻。（用量依包裝指示）

2 浸泡枕頭套
泡約10分鐘後，拿洗衣刷敲洗刷布面，將深入纖維中的頑垢清出。

3 用含氧漂白粉去黃斑
如果寢具布面上有黃斑，在黃斑處撒含氧漂白粉。

4 倒入熱水
在含氧漂白粉處由外緣往中心倒熱水，藉大量釋氧去除黃斑後機洗。

洗滌小知識　不讓「單面印染」布品褪色的洗滌步驟

❶ 將酵素洗衣粉倒入冷水中，放入布品浸泡5分鐘。
❷ 以敲洗的方式，用刷子徹底去除髒汙。
❸ 比上面步驟的含氧漂白劑分量少1/2，並隨時注意顏色是否產生變化。
❹ 設定時，縮短洗衣機的洗程。另外，不能烘乾。

2 最需要洗卻最不會洗的居家用品

送洗費用：約每件 **150 元**

枕頭芯

- 洗碗精可以用來清除棉花枕芯的口水、汗漬、皮脂。

去汙工具
- 天然洗碗精
- 洗衣刷
- 酵素洗衣粉
- 含氧漂白粉

先確認材質 兩三個月清洗一次

枕頭芯每兩、三個月就要洗一次，避免有塵蟎導致過敏；枕頭芯材質分成棉花、化纖枕、乳膠枕、羽絨枕等，需要不同洗法；另外要定期曝曬、換枕頭套，或拿塑膠袋先套枕頭芯，再套上枕頭套。本次洗法示範為最常用的棉花芯枕頭。

STEP BY STEP

1 抹洗碗精在汙漬處
洗碗精抹在汙漬處，拿刷子敲洗讓洗劑滲透纖維，既能去汙又不傷纖維。

2 加酵素洗衣粉在髒汙處
倒酵素洗衣粉在髒汙處，使其瓦解蛋白質汙垢，有效清潔。

3 含氧漂白粉除黃斑
在黃斑處灑含氧漂白粉，由外緣往內倒熱水，藉著大量釋氧漂白去黃斑。

4 機洗
為避免棉花位移，機洗前先裝進最大的洗衣網袋，以一般程序清洗，脫水後晾乾。

洗滌小知識 各種不同材質枕芯的洗滌法

❶ **彈簧棉枕、珍珠棉球枕、海棉枕**：浸泡取出後將水擠乾，拿乾毛巾包住，重複壓到全乾，可以晾曬，不能烘乾。擠壓時不要用力過度，避免變形。

❷ **羽絨枕**：為維持布面的防絨功能、不讓羽絨從布面跑出來，建議乾洗。

❸ **乳膠枕**：會變硬碎化，所以不能清洗也不能日曬，只能在使用時墊塊布防止髒汙。

129

3 最需要洗卻最不會洗的居家用品

窗簾

送洗費用：約每件280元

去汙工具
- 天然洗碗精
- 洗衣粉

- 放進洗衣機前，先將提花布面要往內摺，再裝進洗衣袋中。

先清除皺摺處灰塵
拿掉掛勾、鐵條再機洗

通常窗簾是由化學纖維製成，可自己清洗，但若重量太重、太厚或棉製的則建議送洗。洗前要先將掛勾和鐵條取出，才不會刮到布或將洗衣機弄壞。另外要先把最容易積灰塵的掛鉤皺摺處撢過一遍，除去大部分灰塵再洗。

STEP BY STEP

1 倒入洗碗精
準備一盆水，在水中倒入洗碗精，攪拌均勻。

2 浸泡窗簾
將窗簾整個泡入水中。浸泡時間大約2～3小時，可清除灰塵髒汙。

3 裝入洗衣網袋
將浸泡過的窗簾裝入洗衣袋再丟進洗衣機。

4 機洗
以一般程序清洗約9～15分鐘，脫水30秒，之後裝掛回去自然陰乾。

洗滌小知識　不要用肥皂洗「防燃加工」的窗簾

經過防燃加工的窗簾，能夠水洗或乾洗，但就是不能用肥皂清洗。因為水中含有金屬離子，與肥皂會產生變化附著在窗簾表面，降低原本的防燃效果。

PART 5

4 最需要洗卻最不會洗的居家用品

送洗費用：約每件 **120元**

浴巾・毛巾

- 用洗碗精清除附著在毛巾上的汗漬、皮脂。

去汙工具
- 天然洗碗精
- 洗衣刷

用洗碗精刷洗
每兩週清潔一次

毛巾的材質有分100%純棉製及化學纖維混紡品，都可以用一般洗劑清洗。毛巾上的髒汙大多為汗水、皮脂、殘妝，若沒定期清洗會產生臭味、細菌，甚至黑斑，所以至少每半個月要洗一次，才能讓肌膚不受傷害。

STEP BY STEP

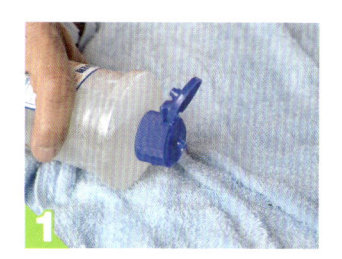

1 在髒汙處塗洗碗精
將洗碗精倒在髒汙處，沾水刷洗一下，等待10分鐘，讓洗劑深入纖維之中。

2 用洗衣刷刷洗
拿洗衣刷用力刷洗，刷洗時間可以久一點，將纖維裡的汙垢刷出來。

3 機洗
機洗時可以與床組一起，不用裝進網袋；若顏色為淺色，可加入熱水、洗劑洗滌殺菌。

洗滌小知識 清洗毛巾時常碰到的3個疑問

❶ **毛巾怎麼會變硬？** 因為肥皂與水中的鈣、鎂離子結合，形成鈣、鎂附著在毛巾上。
❷ **如何讓硬毛巾變軟？** 混和1500克水和30克小蘇打，將毛巾泡在鹼水中煮10分鐘後洗淨。
❸ **如何洗掉滑膩感？** 細菌是造成滑膩的元兇，可調製高濃度鹽水（水：鹽比例＝3：1）殺菌，再用清水沖乾淨。

5 最需要洗卻最不會洗的居家用品

送洗費用：約每件 **70元**

隔熱手套・抹布

去汙工具
- 天然洗碗精
- 洗衣刷

- 美國研究發現，廚房製品有7%都被超級細菌感染。

用洗碗精清潔刷洗 至少每週殺菌一次

沾到油汙的廚房布品，總是沒辦法洗滌乾淨，而且處在高溫高熱的環境，容易滋長細菌；大腸桿菌等病菌也很容易附著在抹布上，因此請至少每週清洗、殺菌一次，並經常更換，才不會危害到飲食健康。

STEP BY STEP

1 將手套浸濕
先把手套泡在熱水中，充分浸濕後取出瀝水。

2 髒汙處倒洗碗精
將洗碗精倒在油漬處，以熱水刷洗，等待20～40分鐘，讓洗劑完全滲入纖維之中。

3 用洗衣刷刷洗
拿洗衣刷用力刷洗，可以花較久的時間，將纖維裡的汙垢刷出來。

4 機洗
黑色衣服機洗至第2段時可加入一起洗，不需裝網袋，洗、脫完後晾乾。

洗滌小知識　洗抹布千萬不要用「含氯漂白劑」

凡是廚房布品的清潔都禁止用含氯漂白水，因為其含有毒性。有時候會聽到有人想要高溫殺菌，因此煮沸水煮抹布，但這方法不適用在化纖材質的抹布，以免遇熱變質，只能使用溫水清洗。

6 腳踏墊

最需要洗卻最不會洗的居家用品

送洗費用：約每件 200 元

- 雙面皆為布墊者可機洗，但若背面為防滑膠則建議手洗。

去汙工具
- 天然洗碗精
- 洗衣刷

雙面布料先預處理再機洗
防滑款宜手洗

雙面材質皆為布料的腳踏墊，可先進行預處理，之後再機洗；但防滑款的腳踏墊，由於背面有經過防滑加工，怕洗滌過程會減低其防滑功能，最好用手洗，且應避免使用洗碗精。

STEP BY STEP

1 特殊髒汙預處理
腳踏墊常見髒汙為灰塵、皮脂、油汙，可以洗碗精清洗。如果有其他特殊汙漬，請參考 PART 2。

2 倒洗碗精順毛刷
將洗碗精倒在布面上，以順毛刷洗的方式清除皮脂汙垢。若為防滑腳踏墊，以冷水沖洗、晾乾就好。

3 熱水泡 20 分鐘
準備一盆熱水，將雙面皆為布料的腳踏墊放入浸泡約 20 分鐘，用來去汙殺菌。

4 機洗
如果和抹布一起機洗，可不裝洗衣網袋。以一般程序洗滌，脫水 30 秒後晾曬。

洗滌小知識　洗衣機洗滌過髒汙品後，會不會變髒？

將抹布、腳踏墊、球鞋丟進洗衣機清洗，洗衣機內會不會很髒？其實不用擔心，基本上洗衣機裡的髒汙都會排出去。若還是不放心，可加小蘇打粉，讓洗衣機空洗一次，之後就能安心洗貼身衣物了。

7 最需要洗卻最不會洗的居家用品

布偶

送洗費用：約每件110元

- 布偶上的髒汙來源，多為人體的油漬、灰塵。

去汙工具
- 天然洗碗精
- 舊牙刷

先用洗碗精去除油漬
裝進洗衣袋機洗

一般人會抱著布偶，臉會與布偶接觸。由於臉上大多是油脂，所以用洗碗精刷洗即可，如果要丟洗衣機一定要裝進網袋，目的是降低摩擦係數。洗完最好陰乾一個禮拜，如果沒陰乾完全，容易造成填充物發霉。另外，只要刷洗較髒的地方就好，不需全面洗滌。

STEP BY STEP

1 布偶事先浸泡
準備一盆水，在水中倒入洗碗精，再將布偶浸泡進去。

2 加強較髒的部位
檢查布偶，特別髒的地方直接倒上洗碗精。

3 用牙刷刷洗
拿沾水的牙刷或軟毛刷，在塗上洗碗精的髒處刷洗。

4 機洗
先裝進洗衣袋，加入冷水、洗劑以一般程序清洗、脫水。

洗滌小知識　為什麼布偶要裝洗衣袋？

布偶要裝進洗衣袋，是擔心有些廠商在製作時沒有考克。考克就是布料裁剪後修邊，它的線會有特殊編排，能一邊以線把布邊抓牢，一邊將多餘布料裁掉。如果沒有考克，線容易在洗滌中鬆開，整個布偶可能會破掉。

8 最需要洗卻最不會洗的居家用品

帆布包

送洗費用：約每件300元

- 帆布包的洗滌方式，取決於是否有印樣、底部是否有紙墊。

去汙工具
- 天然洗碗精
- 舊牙刷

有印染圖案需手洗 取不出紙墊應送洗

如果包包上有印染圖案，就要用手洗，因為通常印染的印墨不會吃太深，放入洗衣機容易洗壞圖案；另外，要確認底部有沒有紙墊，如果有就不能直接水洗，得先將紙墊拿出來，否則紙墊會爛掉；若無法取出就只能送洗。

STEP BY STEP

1 檢查髒汙處
若袋底有紙墊先取出，找尋袋子較髒的地方以洗碗精加強清洗。

2 倒在易髒處
將洗碗精倒在較髒的位置及易髒處，如底部、手把。

3 用刷子刷洗
拿沾水的軟毛刷或牙刷，在塗上洗碗精的髒處刷洗。

4 機洗
在丟進洗衣機前，先裝進疏網洗衣網袋，加入冷水、洗劑以一般程序清洗、脫水。

洗滌小知識　包包的「防潮」、「防變形」祕訣！

根據包包的長寬高來摺疊報紙，再將整疊報紙以不織布或薄紙包起來，最後放入包內即完成！除了可以防潮外，還能夠防止變形，重要的是，不管什麼材質的包包都適用！

PLUS 專家解答！
最多人問的洗衣問題，一次弄懂！

洗衣問題

Q1 洗完的衣物出現刮痕？鈕子、鉤環被撞壞？

專家解答：善用「鋁箔紙」包裹鈕釦，再也不必擔心機洗時衣物被刮傷！

為了避免洗衣過程中刮傷衣物，洗衣店通常會將衣物的釦子（如貝殼釦、牛角釦）、鐵鉤（如裙鉤）、拉鍊等，先包上一層鋁箔紙再機洗，這樣就不會損傷衣物。

Q2 T恤的袖口或領口為什麼洗越多次越鬆？

專家解答：先用「橡皮筋」將棉質衣物的袖口、領口綁起來再機洗，就不用擔心變鬆！

想讓衣物不因洗衣機的攪拌、脫水而使衣物纖維被拉鬆、變得難看（尤其是棉質衣物的袖口和領口），建議機洗前，先以橡皮筋綑綁好再洗，這樣就能維持衣物原有的形狀不變形。

Q3 沾染上汙漬的衣服，清洗時要大力搓揉？

專家解答：切忌大力搓揉。善用前處理分解法，省時又省力！

大力搓揉可能會造成衣物損傷、褪色，建議依照汙漬類型，用事前處理的方式分解汙漬後再機洗，這樣不會傷害衣物，也可節省處理後的清洗時間。真的需要搓揉時，也應避免過度用力。

Q4 沾到汙漬的衣服，等回家再清洗就可以了？

專家解答：能越快處理越好，但請先弄清楚衣服材質和汙漬種類！

通常很難在當下立刻處理，就算可處理也需注意衣服材質。能水洗的材質可以先處理，例如遇到油脂類汙漬可使用洗碗精。不能水洗的材質建議直接送洗，以免越處理越糟。

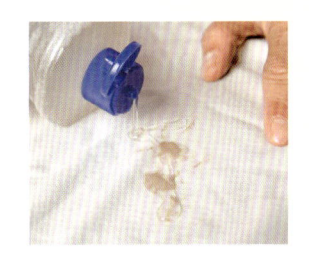

Q5 大人小孩衣物需要分開洗嗎？

專家解答：小孩抗過敏力比較弱，可依據大人衣物的髒汙程度判斷，如果髒汙過多再分開！

大人小孩衣物一起洗時，淺色衣物可加氧系漂白劑、深色衣物可加雙氧水殺菌。嬰兒皮膚更細嫩，所以嬰兒衣物會建議分開洗滌，並使用嬰兒專用的中性（弱酸）洗劑，以免接觸太多的鹼而造成過敏。

Q6 外套要多久洗一次？

專家解答：不算天數算次數！大約穿3～5次（10~15天）洗一次。

大多數人外套會輪流穿，所以可以看穿著的頻率判斷。不過如果吃火鍋、燒烤等，有很重的味道留在衣服上，建議要馬上清洗。因為自然風帶不走異味菌，而且放越久細菌就會附著得更牢固、更難洗。

Q7 冬天的毛衣多久洗一次最好？

專家解答：不需要太常清洗，以免毛衣變形、縮短壽命！

通常毛衣裡面會加衣服、外面會加外套，大部分只會接觸到領子或袖口，主要汙垢只來自於本身的汗漬，所以一般建議7天左右再換就可以了。

Q8 可以用一般肥皂手洗內衣和嬰兒的衣物嗎？

專家解答：一般肥皂為強鹼性，若碰到硬水（含高濃度鈣、鎂），容易產生粉狀皂垢附著衣物，刺激皮膚。

嬰兒肌膚及私密部位容易過敏，建議手洗可用弱鹼性洗衣皂，機洗可用中性洗衣粉或冷洗精。嬰兒衣物獨立清洗能避免沾染屑料；內衣褲稍微手洗後包袋機洗。（見P95、P97）

Q9 為什麼用牙刷去汙，會比用洗衣刷來得乾淨又快速？

專家解答：將牙刷刷毛剪短，就是最強的去汙工具！

當衣物需重點去汙時，可拿出舊牙刷，用剪刀把毛尖的部分平整剪短，讓刷洗時能更集中施力，而且不會損傷衣物纖維。一般牙刷的毛尖較無施力點，刷洗時，不只刷力小，也無法深入衣物纖維；但刷毛剪短後，馬上變得好刷又不傷衣料，堪稱最方便又最強的去汙神器！

洗劑問題

Q1 洗衣精和洗衣粉哪個洗得比較乾淨？

專家解答：常洗、耐洗衣物用洗衣粉，常接觸肌膚的衣物用洗衣精！

一般洗衣粉鹼度高（pH 11）且有不溶水的礦物質增加摩擦係數，所以潔淨力會比較強，但相對對環境的破壞也較強。洗衣精較溫和、偏中性（pH 8-9，視廠牌而定），常接觸肌膚的衣物建議用洗衣精，以免肌膚對鹼過敏。

Q2 洗衣服要先放衣服還是放洗劑？

專家解答：洗衣精順序沒關係，但洗衣粉一定要先放！

一般來說要先放洗劑，以免溶解不均。洗衣精是液態，比較不用擔心，但洗衣粉中有礦物質，如果沒有先溶解均勻就會在衣服上結塊。而且洗衣粉請不要放在洗衣機的投料盒，因為投料盒水柱不夠強，無法將洗衣粉完全沖開。

Q3 機洗時可同時放入洗衣粉和衣物柔軟精嗎？

專家解答：雖然柔軟精可以讓衣服觸感變好、穿起來更合身並增加香氣，但不可和洗衣粉同時倒入，因為會削弱洗衣粉功效。正確方法應先放洗衣粉（劑），洗潔約剩20～18分鐘、進行最後一次洗清時，在水滿狀態倒入衣物柔軟精。柔軟精用量可見瓶上說明，或以10～12公斤洗衣機為例，衣服量為1/3滿時倒入1/2瓶蓋的量；衣服量為1/2滿時倒入1瓶蓋量；衣服接近全滿時則倒入5又1/2瓶蓋的量。

Q4 是不是功能越多樣化的洗衣劑就越厲害呢？

專家解答：有些洗衣劑標榜能呵護皮膚、香味持久，或是可以潔淨殺菌同時柔軟衣物！這些功效其實都只是行銷噱頭。洗衣劑功能越多，清潔效果就越弱。最好的方法是選擇效能單一的洗衣劑，如果需要柔軟、亮白、讓顏色亮麗等效果，可另做選購。一般衣物清潔需用到的包含水晶洗衣皂或弱鹼性洗衣粉；清洗或手洗貼身衣物和材質輕柔的衣物則需要中性洗劑（例如冷洗精）。此外，正確手洗步驟是先將洗劑溶於水中，再放入衣物，等衣物浸泡10～25分鐘後，再開始手洗，最後要用清水徹底地沖洗乾淨。

Q5 不用柔軟精，可以讓衣物變柔軟嗎？

專家解答：如果害怕柔軟精裡的化學物質或香味，就試試純天然的白醋吧！

柔軟精會在衣服上形成陽離子薄膜，讓衣服變軟並保護纖維。如果不喜歡柔軟精，可以用10～15c.c.的白醋代替柔軟精。雖然白醋只能讓衣物恢復原本彈性、代替6成的柔軟效果，不過它是純天然弱酸洗劑，既親膚，又能中和過多的鹼。

Q6 標榜增豔漂白功能的洗劑，對衣服會造成影響嗎？

專家解答：衣服染料百百種，使用增豔漂白劑之前請在衣角試試！

增豔漂白劑就是氧系漂白劑，分為過碳酸鈉和過氧化氫，兩者差不多。增豔是指讓衣物變白，一般不會破壞衣物色料，但染料系統種類非常多，如果遇到會褪色的就糟了。所以使用前請先在衣角測試喔！

Q7 擔心衣物殘存乾洗劑，掛多久才能揮發？

專家解答：乾洗劑4～6小時就會揮發，別擔心！

乾洗劑是從石油提煉的一種溶劑。一般洗衣店乾洗後都會將衣服掛12～24小時才進行整燙，所以問題不大。有時純棉衣物可能還會有油氣的味道，如果害怕殘存，可以把防塵袋打開，放在通風處4～6小時，味道就會消失。

Q8 用太多洗劑對身體不好，有沒有環保健康的洗淨方法？

專家解答：用手工自製洗衣球，省荷包、去汙強，衣物乾乾淨淨！

若不想用洗劑洗衣，卻遇到有頑強髒汙的衣物時，建議機洗時可丟一、兩顆洗衣球到洗衣機內，藉此增加洗衣時的摩擦，以增強去汙力；或者也可用鋁箔紙捏成雞蛋大小球狀，做成自製的洗衣球，再丟入洗衣機中，一樣有去汙的效果喔！

洗衣機問題

Q1 是不是手洗就一定比洗衣機機洗好呢？

專家解答：其實草率的手洗也會有讓髒汙殘留衣物的問題，機洗反而能全面、大量地清洗汙垢。強調手洗是因為有些衣物材質較輕柔，為了不傷衣料無法機洗。但現在洗衣機已增進許多功能，分為：波輪型、攪拌型、滾筒式洗淨等，多能達到一般的需求，容量更彈性。此外，洗劑也進展到酵素洗衣粉、強效洗衣精、特定汙漬或各材質專用的洗劑等，甚至還有「有機洗滌劑」。簡而言之，搭配正確的預處理去汙方法後再簡單機洗，是最環保又潔淨的洗衣方法。只要注意洗衣機的使用方法，不要太常塞入過多衣服，正確使用洗衣網、洗衣球等應用道具，選擇適合的洗衣劑種類，就可以擺脫一味要求手洗的迷思。

Q2 新聞說洗衣機比馬桶髒，貼身衣物丟洗衣機好嗎？

專家解答：洗衣機一個月到一個半月定期保養就沒問題，重點是如何保護！

貼身衣物，像是內衣或彈性紗、運動型衣服都建議包網袋清洗。貼身內衣可放入球狀塑膠網，鋼圈比較不容易變形。注意不要用熱水洗滌，熱水不會洗得比較乾淨，反而會讓衣物彈性疲乏，導致衣物損耗率高。

Q3 機洗前，要怎樣判斷一次最多能洗多少衣服？

專家解答：先估算待洗衣物的重量，再放入單次機洗容量8成衣物量，效果最好！

若是市售洗衣機的機洗量，可先看洗衣容量公斤數的標示（如7、10、13公斤）。然後計算待洗衣物的重量（需留意衣物的乾濕狀態），評估是否為最適合的衣物量。而為了預留轉洗空間，一次建議放入8成衣物就好，如：原可洗7公斤，1件100克的T恤（乾燥狀態）可洗70件，但為預留轉洗空間，建議只放8成的衣物量（56件）。此外，機洗前，當洗衣機自動秤重、指示水位後，千萬別為了節省水費而把水位調低，因為很有可能造成無法適當翻洗，或傳動軸心磨損，反而需花更大筆的費用去維修。

成人日常衣物淨重參考

品項	單件大約淨重
雙人床單	800 公克～1 公斤
浴巾	500～800 公克
毛巾	100～150 公克
長袖襯衫	200 公克
T 恤	100～200 公克

品項	單件大約淨重
衛生衣	50～100 公克
牛仔長褲	1 公斤
棉質短襪	50 公克
絲襪	20 公克

Q4 疏忽定期清潔洗衣機，等於幫黴菌製造溫床？

專家解答：洗衣機內髒汙多，最好一個月或一個月半洗一次！

洗衣機內屬於溫暖潮濕的環境，相當適合細菌、黴菌孳長，而且槽底又有可當作養分的衣服汙垢；另外，很多人會在洗完衣服後，關上洗衣蓋，讓情況更加嚴重。所以建議一定要定期清潔洗衣機，大約一個月或一個半月一次，如果已經超過2年沒洗，就找專人拆洗。沒有好的洗衣環境，就洗不出乾淨的衣服。

Q5 洗衣機的高溫殺菌，到底有沒有用呢？

專家解答：洗衣機標榜的高溫只到4、50度，如果想真正殺菌，請用去垢鹽或氧系漂白劑浸泡！

貼洗衣機的高溫殺菌通常是針對洗衣機本身的清洗，可以處理部分微生物卻無法徹底殺菌。用熱水加入去垢鹽或氧系漂白劑，浸泡一整晚後的殺菌效果會更好。

PART

6

一次學會！
洗衣後的漂脫晾烘燙摺

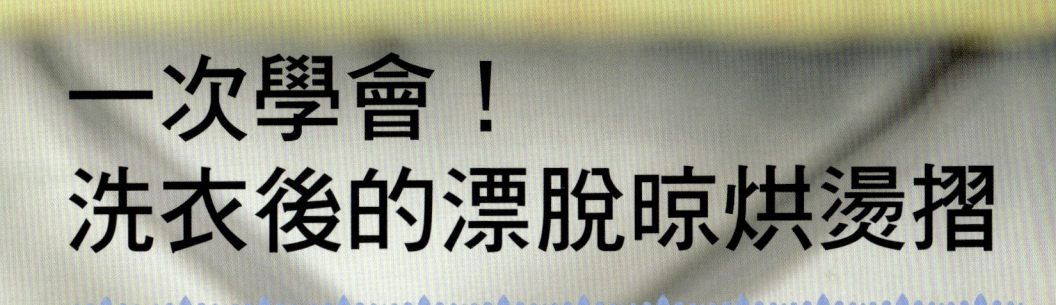

你以為洗完衣服就結束了嗎？ NO, NO, NO!
後續的漂白、脫水、晾曬、烘乾、燙整和摺收，
一個都不漏、完整祕笈大公開！

最多人問！漂白劑用法、步驟詳解

1 漂白劑的種類

含氧漂白粉

適合對象：淺藍到白色的淡色衣物、花色衣物

含氧漂白粉的主要成分為「過碳酸鈉」，藥性不強烈，對衣料而言較為溫和，適合漂白淺藍色至白色之間的淡色衣物，花色衣物也適用。

通常過碳酸鈉的漂白劑都為粉狀，泡在水中無色無味，使用上較無疑慮。使用時，可先將白色粉末倒在想漂白的地方，再倒入攝氏40度的溫熱水，加快含氧漂白粉釋氧的速度，深入纖維，達到清除色素、汙垢的效果。

含氯漂白水

適合對象：地板、馬桶等環境清潔

以前的家庭最常拿含氯漂白水當作漂白衣物的漂白水，雖然具有很強的去汙能力，但也容易對衣料產生傷害，且又有強烈的刺鼻味；另外，因其含有「次亞氯酸鈉」，接觸到皮膚會受傷，最近幾年已經改用來刷地板、洗馬桶等環境清潔；使用時及使用後請保持通風，刷洗後一定要用清水沖乾淨。

除此之外，含氯漂白水會因為接觸到空氣而漸漸降低效果，建議應在打開後半年內將其使用完畢。

2 漂白劑的使用

❶ 注意有些布料不能漂白：像是羊毛、尼龍、絲綢、深色的布料，和有做過防水加工的布料，都應避免用漂白劑。

❷ 不能和其他洗劑一起用：和鹽酸、醋酸、含氯漂白水等清潔劑、漂劑混用會有化學變化，產生氯氣，容易發生危險，所以禁止混用。

❸ 依包裝說明使用正確用量：產品包裝上都會有使用說明，教你如何用瓶蓋、湯匙、量杯準確地量該取用的量，並可對照浸泡的時間，避免傷害衣料。

❹ 不要直接碰到手與其餘衣物：要將漂白劑調勻時，建議用牙刷柄或棒子，不要用手直接碰觸；經過漂白劑處理過的衣物，最好單獨丟洗衣機，或將漂白處往內包摺與淺色衣物一起機洗。

❺ 禁止直接倒在洗衣機或衣服：使用含氯漂白水時一定要加水稀釋均勻，不能直接就倒入洗衣機或衣服上。

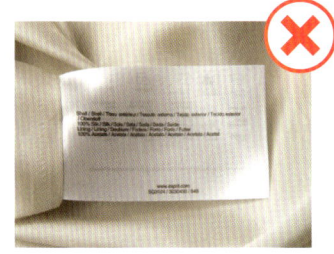

- 羊毛、絲綢等布料不可漂白。

3　漂白的步驟（使用含氧漂白粉示範）

整件衣物

1 將50度的溫熱水倒入水盆中
將攝氏50度的溫熱水倒入水盆中，水量要能蓋過衣物。

2 倒入含氧漂白粉
在水中加入1瓶蓋的含氧漂白粉，拿牙刷柄攪拌均勻。實際用量以產品說明為主。

3 將衣服泡水中40分鐘
整件漂白的衣物大多為純白色，將其放進漂白劑中，浸泡40分鐘後撈起來，獨自丟洗衣機洗滌。

局部汙漬

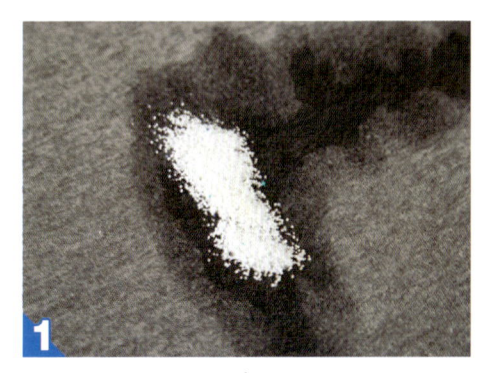

1. 倒漂白粉在髒汙處
在有染色、局部沾到汙漬的地方，倒適量的含氧漂白粉。

2. 沖溫熱水
由上往下在汙漬處倒入攝氏50度的熱水，讓漂白粉快速釋氧。

3. 刷完靜置40分鐘
拿牙刷在汙漬處刷洗後，等待40分鐘，讓它分解色素、汙漬。

4. 機洗
機洗前先將含有漂白粉那面往內包摺；丟進洗衣機後，可和淺色衣服一起混洗。

洗滌小知識　漂白粉為什麼一定要用溫熱水呢？

如果要讓漂白水充分溶解，且讓過碳酸鈉的溶色、去漬效果達到最佳狀態，攝氏50度左右的溫熱水是最適合的。使用的水溫過高，釋氧速度會太快、效果不好；水溫太低釋氧慢，會等很久，兩者都會造成反效果。

脫水不傷衣物！這樣做就對了

1 重新認識脫水吧！

一般人以為脫水時間久比較快乾，但其實脫太久會產生皺褶，反而要花更多時間整理；且脫水時的離心力會讓輕薄衣物變形受損。所以掌握正確的脫水時間是減少皺褶快速晾乾的首要訣竅。脫水時間最多 6 分鐘，但羽絨衣為了回復蓬鬆，需 10 分鐘；羊毛類衣物則只需 30 秒。

2 建議脫水時間

脫水時間	適用衣物
30秒〜1分鐘	● 防縮水加工水洗羊毛品 ● 質料輕薄衣物、絲襪。 ● 細柔的襯衣、內衣褲。 （如果可以，以上衣物拿大毛巾吸乾水分即可，盡量不要用機器脫水。） 
3分鐘	● 大部分化纖品、混紡品。 ● 棉、麻和有裝飾物的衣物。 （以上衣物在機洗脫水前，先裝進洗衣網袋。） ● 刷毛衣物 ● 合成皮 ● 床單及窗簾 
6分鐘	● 厚重的衣物、冬裝 ● 牛仔褲 ● 羅紋化纖毛衣 ● 毛巾、浴巾 ● 毛巾材質的薄被 

讓晾曬變輕鬆又簡單的 3 大原則

1 各類晾衣工具 —— 快乾又省空間

在晾曬衣物時，衣架和衣夾可能會在衣服上留下痕跡！但只要根據衣物的特性選擇正確的曬衣工具，就能解決。例如：浸泡完毛衣後會變重，不能吊掛，因此要平放在晾衣網。現在懂得挑選正確晾曬工具，就不用再煩惱這些問題了！

衣架　選擇適合的形狀、尺寸

衣架材質很多種，有鐵製、塑膠製、不鏽鋼製等，每種不同的形狀和大小都有各自適用的衣物。一般擔心晾衣會有凸肩問題，如果想避免可選圓弧衣架或自製衣架。

❶ **可摺式衣架**：能調整衣架寬度，使其符合衣物尺寸。

❷ **夾式衣架**：裙子、平口洋裝等適用夾式衣架，但注意在夾衣物時，接觸面要墊厚紙片，才不會殘留夾痕。

❸ **圓形衣架**：居家收納時常會用到，會掛圍巾等長窄形衣物。

❹ **圓弧 3D 衣架**：因為肩線成圓弧狀，下層設計凸出狀能撐開衣物，增加立體空間，具通風效果加速快乾，適合用來吊掛大件 T 恤、牛仔褲等。

衣夾　不留夾痕，又能夾緊才好用

塑膠製衣夾便宜又輕，但夾不緊又很容易斷掉；木頭製衣夾雖不易殘留夾痕，但碰到濕氣容易發霉；不鏽鋼製衣夾夾最緊，但也最容易產生夾痕，因此要先墊厚紙片。大家可以根據其優缺點，審慎選擇適合的來用。另外，晾曬床單、被單則要選擇開口較大的洗衣夾。

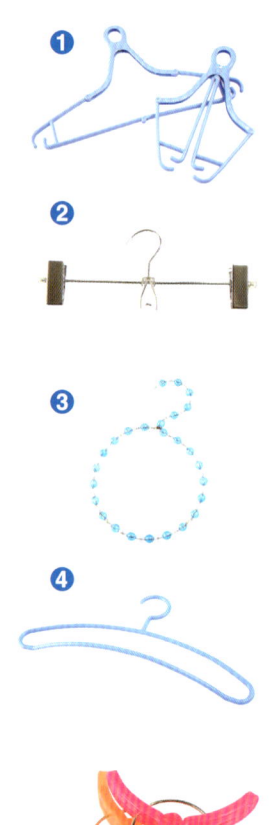

PART 6

小物晾衣架 依照晾曬地點選擇適合的主掛鉤

常用來吊掛輕巧衣物，如內褲、襪子、手帕等。在購買時，要先考慮是想垂直掛在晾衣桿下，又或是掛在鐵窗欄杆與牆面轉折處，以此來篩選，看主掛勾是否能夠轉折至符合晾曬地點的角度。另外，若要掛在戶外可以考慮不銹鋼材質，塑膠材質若長期放在外面容易脆裂。

多層平放晾衣架 一次晾曬件數較多，適合平晾

住屋沒有陽台，或晾衣空間狹小的公寓最適合，也適用於平晾毛衣等織物，不但能保持形狀，又能一次晾曬多件衣物。

2 自製簡易晾衣架──省錢又方便

一般常用的洗衣架有容易凸肩、吊掛襯衫會有痕跡等缺點，但其實只要稍微動一下腦，就能自己製作出超便利曬衣架，不需額外花錢，就能輕鬆曬衣！

快速乾燥 摺出風乾空間

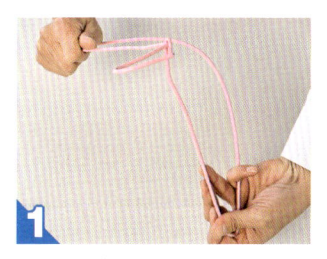

1 握住衣架兩端，往後折。

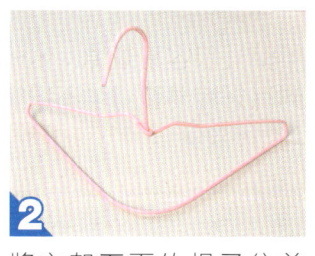

2 將衣架下面的桿子往前拉，直到可以站立為止。

3 晾掛時，衣架上的三個支撐點會撐開衣物，增加衣物風乾的空間。

151

不讓厚重衣物變形　自製紙捲衣架

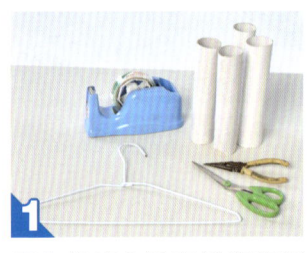

1 事先備齊3個廚紙廢棄紙捲、1個細衣架、剪刀、膠帶、老虎鉗。

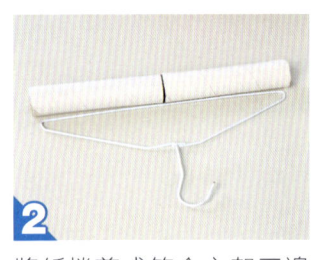

2 將紙捲剪成符合衣架三邊的長度,並黏貼起來。

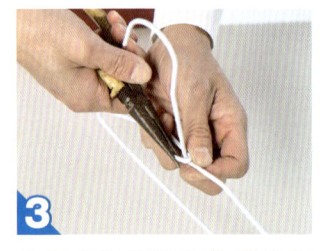

3 拿老虎鉗解開衣架鐵絲扣住處。

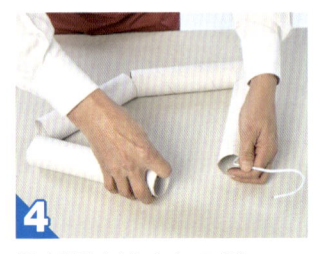

4 將紙捲套進衣架三邊。

5 拿老虎鉗接回衣架即可使用。其支撐力與有厚度的圓弧衣架相同!

晾衣不造成凸肩　調整衣架弧度與增加厚度

方法A:調整衣架弧度

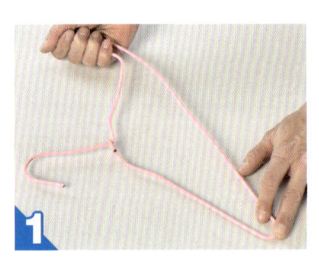

1 將衣架的兩端向上摺。

2 兩端的拗折處要維持一定寬度,不要壓太窄,這樣就能均分晾掛支撐點。

方法B：利用寶特瓶自製厚衣架

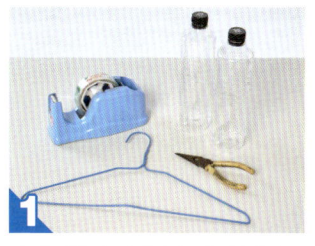

1 事先備齊2個空寶特瓶、1個細衣架、膠帶、老虎鉗

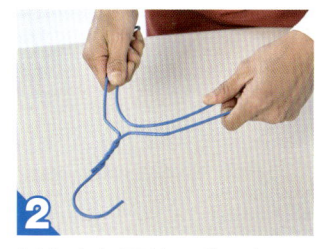

2 抓住衣架兩端，往下摺。

3 使用老虎鉗，將衣架兩端夾扁。

4 將寶特瓶套進被夾扁的衣架兩端，綑緊膠帶。

5 增加衣間的厚度，就能解決吊衣時的凸肩問題。

6 完成！

3 各類衣服晾法──衣服不變形

衣物種類的不同有其適合的晾曬方式，丟掉之前老舊的觀念，現在就來學習不讓衣服變形，不須花時間熨燙，能穿得更久的正確晾曬法吧！

T恤、襯衫不變形　用能撐開衣肩的衣架

1 機洗後，將衣服大力甩一甩。

2 不要從上面套衣架，會把領子撐開變形，要由下往上套進衣服。

3 掛好後，由上往下用手順理衣服。

厚重毛衣摺吊法　適用在空間小無法平晾時

1 將毛衣由下往下對摺，垂掛在衣架上。

2 將垂下的兩邊袖子掛回衣架上，才不會因為太重而變形。

3 此垂掛法能平均兩邊重量，不但可以節省晾曬空間，又能維持毛衣原有的彈性。

牛仔褲速乾法　利用小晾衣架快速晾乾

1 打開褲頭，用小晾衣架的多個夾子分別夾住。

2 將褲管往上摺至曬衣桿，另外拿夾子夾住，打開褲腳加速通風。

胸罩吊掛法　避免變形

1 誤夾肩帶易變形；夾下胸鋼圈最適當。也可使用內衣專用衣架。

大床單省空間吊掛法　適用於狹小公寓

1 若床單較重，可將2個細衣架疊起來備用，再找出床單邊的中心點。

2 從衣架中拉出床單兩邊各一角，套住衣架兩端。

3 調整一下重心，就能平穩吊掛。也適用於大浴巾。

154

十字形速乾法　自製披掛式通風空間

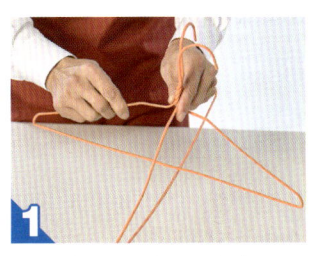

1 事先備齊2個細衣架、2條束線。將衣架套成十字形。

2 在衣架交疊處拿束線帶或橡皮筋綁緊。

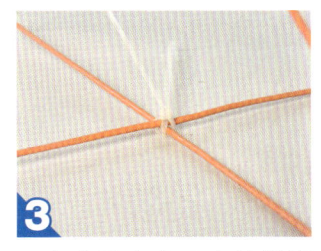

3 下方交疊處也用束線帶綁住。

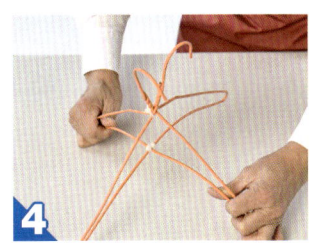

4 將衣架的四邊向下摺，製作出立體空間。

5 適合用來披掛長褲、浴巾等，最快晾乾的方法。

6 完成！

室內晾衣快乾法　適合雨季或沒陽台的小套房

1 報紙吸濕
將報紙揉過後再攤展開來，鋪墊在晾衣服的正下方處，目的是吸收濕氣。

2 多層平放
準備一個大型晾衣網，可同時晾2~3層衣物，具有通風效果。另外，用來晾曬毛衣，也快乾不變形。

3 降低濕度
雨天空氣濕度很高，要降低濕度，可以開除濕機或是用電風扇吹衣服。

衣服該怎麼烘？這些常識先學起來

1 認識烘衣機種類

對衣物最好的乾燥法，就是通風陰乾。但如果非得要用烘衣機快速烘乾衣物，那就必須知道如何減少高溫烘衣損傷衣料、造成褪色的方法：或者是聰明利用烘衣機復原衣服蓬鬆感的訣竅。

瓦斯型烘衣機

禁用化纖、毛料衣物

烘衣機分2種，一種為瓦斯型，另一種為電力型。「瓦斯型烘衣機」內部受熱比較不均勻，因為是從機器下方加熱，且溫度會持續上升，容易過熱而損害衣料，尤其是對化纖、毛料而言，會使其變大或捲曲變形。但由於成本低廉，一般投幣式洗衣店多用此類型烘衣機，建議使用時設定「中溫」，否則會因為溫度太高而傷害衣料。

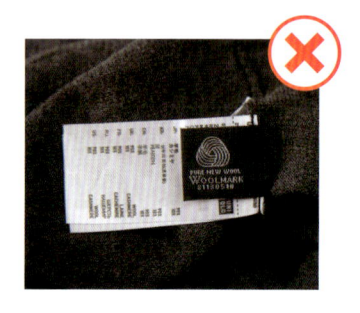

電力型烘衣機

放入乾毛巾幫助吸濕省時、節電

「電力型烘衣機」能上下同時加溫，使空間平均受熱，能將溫度控制在一段穩定區間，屬於電源式加熱。一般家庭用的烘衣機多為此類，有些會附烘鞋架，但並不推薦使用，因為鞋底通常為橡膠製成，經高溫烘烤會變形，造成損壞。而此類型的烘衣機缺點是用電量高，但如果在烘衣時放進一條乾燥的大毛巾，就能幫助吸水，既省時又節電。此外，烘衣機的濾網容易累積棉絮，使用後要清除，不然效果會越來越差。

2 烘乾標籤一覽表

烘衣圖示	說明
⊡	可烘乾,但最高溫度不得超過攝氏60度。
⊡	可烘乾,但最高溫度不得超過攝氏80度。
⊠	禁止翻滾烘乾。
口	可懸掛晾乾。
口	可懸掛滴乾。

烘衣圖示	說明
〇	可平攤晾乾。
〇	可平攤滴乾。
口	可在陰涼處懸掛晾乾。
口	可在陰涼處平攤晾乾。
口	可在陰涼處平攤滴乾。

3 不怕烘錯衣服的 8 個烘衣知識

錯誤 ❶ 使用烘衣機一定要烘到全乾?

A 在條件允許下,衣物還是以晾乾為主,烘衣服的目的,主要是讓洗後的衣物纖維回復蓬鬆(如P81羽絨外套)、減少水痕,所以不必烘到全乾,烘完再晾乾就好。

錯誤 ❷ 所有材質衣物都能放入烘乾機?

A 不行。棉、羊毛、壓克力、彈性紗萊卡、有亮片貼鑽的衣物烘了可能造成變形。

錯誤 ③ 烘好後的衣服一定會產生靜電？

A 在烘衣前將烘衣專用的靜電紙放在衣服上面，一起烘即可解決。

錯誤 ④ 在烘衣前不用另外先脫水？

A 沒先經過脫水的衣服太濕了，直接烘乾會花很久時間，也會縮短烘衣機使用期限。

錯誤 ⑤ 為了省事，可一次塞很多衣服？

A 塞太多衣服會花費更多時間，且容易使衣物產生皺摺，衣物也無法全乾。烘衣需要足夠的空間，建議衣服的量只要烘衣機容量的一半就好。

錯誤 ⑥ 烘熱衣服就等於乾了？

A 想知道是不是烘乾，可等衣服冷卻後，將其貼近臉感覺是否還殘留水氣。

錯誤 ⑦ 不同衣料需要的烘乾時間相同？

A 不同的質料衣物，所需的烘乾時間一定不同，若混在一起烘，則應以乾的順序取出；或者也可以把厚薄衣物分開烘，如牛仔褲和罩衫分別烘，就可以掌控烘乾時間。

錯誤 ⑧ 可以等烘衣機濾網積滿棉絮時再清？

A 使用後應馬上拆開「棉絮過濾網」，清除上面的棉絮，減少每次烘乾時間；而「吸氣過濾網」則要一個月清一次，維持烘乾功率。

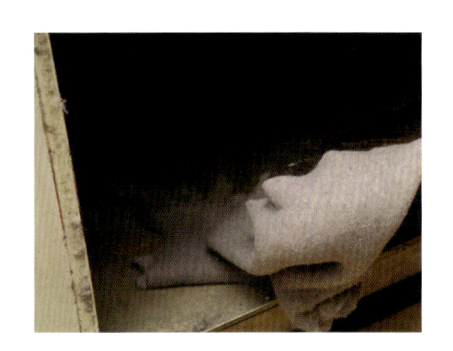

燙得又平又挺？掌握 3 大關鍵就 OK

1 不失敗的燙衣要點

要點 ① 確認洗標整燙圖示、熨燙溫度：若衣服上沒有洗標，就透過材質判斷；若屬於兩種材質以上的混紡，熨燙時，要以耐溫效果最差的布料為主調整溫度。

要點 ② 按照低、中、高溫順序熨燙：應先從最低溫的衣物開始燙，再慢慢加溫，這樣的熨燙效率較佳，才不用將溫度一下調高、一下調低，使其受熱不均。

要點 ③ 墊布可保護衣物顏色、調節熱度：建議深色衣物、輕薄布料、適用中低溫熨燙材質製成的衣物、衣服上有印染圖案者，熨燙時墊塊布。

熨燙溫度 VS. 適合衣物材質

熨燙攝氏溫度°C	適合衣物材質
低溫 110 ～ 130 度	壓克力纖維
中溫 130 ～ 160 度	尼龍、醋酸纖維、尼龍、丙烯纖維、蠶絲、羊毛、人造絲、聚酯纖維
高溫 180 ～ 200 度	棉、麻

2 熨燙衣物更順利的獨家撇步

撇步 ❶ 順著自己的方向移動熨斗：使用熨斗燙衣時，應順往自己的方向移動，另一隻手則負責整平衣物。

撇步 ❷ 不是滑動熨斗，要施壓：不是將熨斗滑過衣服就好，而是應停留在皺摺處約5秒並向下施壓，讓熱能平均擴散、撫平皺褶。

撇步 ❸ 利用蒸氣使衣服蓬鬆：施壓技法對襯衫和褲子等需硬挺的衣物很有效，但面對須表現蓬鬆感的毛料衣物來說，就不適用了。此時要將熨斗提離衣物面約1公分，靠蒸氣撫平皺摺，這也能讓布料回復原本的蓬度。

熨燙方式 VS. 適合衣物材質

	施壓撫平熨燙	保持距離熨燙・直立式蒸汽熨斗
材質	● 棉、麻 ● 聚酯纖維 ● 混紡等需要筆挺的衣物	● 羊毛、喀什米爾、絲 ● 燈心絨、天鵝絨 ● 纖毛長的布料、光滑的布料
衣款	西裝襯衫、T恤、西裝褲等	針織衫、毛衣、西裝外套等

3 各類衣物差異化燙法

襯衫熨燙 12 招 掌握 3 部位,包準又平又挺!

領子、肩膀

1 調溫度、平均受熱後將襯衫攤平,衣領靠近自己。熨斗尖端壓平衣領並往自己的方向熨燙,另一手拉平衣領。

2 把襯衫的肩膀處套在燙馬上,並先將衣服上背的部位燙平。

3 順著燙馬彎角弧度用手整理出肩線的弧度,再拿熨斗順著弧度熨燙。

袖口、袖管

1 先將袖釦打開,用手撐開袖口,以熨斗尖端處先熨燙袖口。(適用活摺燙法)

2 尖端處深入袖子熨燙,沿著袖口左右移動燙平,兩邊處理方式相同。

3 拉直肩膀到袖口的線,抓出袖子燙線。

4 在燙馬上拉平袖管,一手壓平袖子,另一手拿熨斗燙出線條,兩邊處理方式相同。

襯衫前後片

1 將襯衫套在燙馬上之後拉平,一手拿熨斗,另一手撥平衣服,先避開釦子處。

2 沿著燙馬,將衣服往自己方向拉,才能燙到還沒燙的地方,又不會讓燙過處起皺紋。

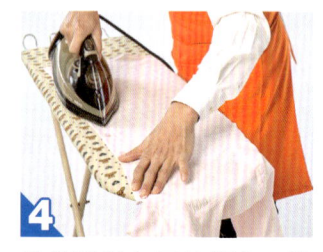

3 燙平整個背部。

4 最後熨燙釦子的部位,將前片整個燙平。

5 再利用熨斗尖端燙一下釦子周圍。

6 完成!

印染T恤熨燙3招　為避免高溫,先墊塊布或襯衫

1 印染圖案怕高溫,先避開圖案,將領口、袖子燙平。

2 要熨燙圖案部分時墊塊布,避免高溫黏住圖案。

3 燙好正面後,翻到背面燙平。如果沒有墊布,也可拿襯衫墊或翻內面燙,間接阻隔溫度。

4 完成!

百褶裙熨燙 5 招

1 如果是棉、麻材質，可以先噴濕。把裙頭套到燙馬上，將裙頭處褶線燙平。

2 從裙擺處往裙頭方向套進燙馬上拉平。

3 將每個裙摺用別針或大頭針以45度釘在燙馬上，避免裙摺散開影響熨燙。

4 燙裙褶時，要將身體往燙馬邊靠，用來壓住裙子，就不怕裙擺打開皺掉。

5 一手撫平摺線，另一手拿熨斗，從左到右燙平打摺處。

6 完成！

西裝褲熨燙 4 招

褲頭

1 從褲頭處將褲管的一邊套在燙馬較窄的那側。

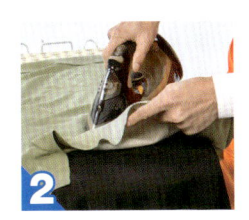

2 淺色西裝褲不用，深色、黑色布料需墊上墊布。用熨斗燙平褲襠拉鍊處。

3 對齊摺線後，用手貼平褲子，左手扶著褲管才不會讓摺線跑掉，右手則拿熨斗燙平摺線。

4 翻出內裡、口袋熨燙，可維持西褲內外都平整，不易起皺。

必學！衣服摺收、吊掛、收納法

收納衣物的目的，不只是整齊而已。如果要讓房間永保整潔和方便拿取衣物，在收納時除了要符合衣物結構外，還要考慮日常習慣，才不會在季節中發霉生斑。本單元教你最聰明的摺衣、吊掛等節省空間的收納法，讓你的房間不再亂七八糟，輕鬆就能收納好衣物！

1 不同衣物適合摺法

襯衫快摺法

1 不需扣上全部釦子，只需扣領釦、第1、第3顆釦子即可。

2 將襯衫翻到背面，在領口下方中央的位置塞入一片紙板。

3 把兩邊袖子沿紙板往內摺，過程中不要讓袖子超出衣服。

4 把兩側的衣服向中間各摺1/3。

5 將襯衫部分下擺向內摺，之後往領口處對摺，再拿出紙板。

6 將襯衫以平擺的方式收進抽屜或櫃子裡，如果一定要疊起來，領口處要交錯擺放。

西裝褲快摺法　上下都要對齊打摺線

1 將西裝褲在桌上攤平，對齊摺線之後拉順。

2 從褲腳往褲頭處對摺。

3 再對摺成4等分，一手撐在對摺處輔助，以防散開。

4 以平擺的方式收納，才不會吊掛在櫃子時，因高度不夠高而摺到褲腳，產生皺摺。

長袖帽T快摺法　帽子收摺是重點

1 先將衣服翻到背面，放入紙板，將兩側袖子往中間對摺。

2 把衣服兩側從左右往內對摺。

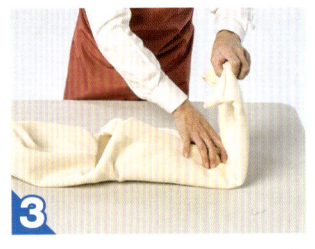

3 下擺往內微收之後，向上對摺。

4 翻到正面時，要抓緊帽子的中線，把帽子摺疊至衣服上。

5 只要將帽子整理好，就算在帽T上疊別的衣服也不會亂。

長袖 T 恤捲收法　可直擺或橫放進小抽屜

1 先將下擺稍微反摺。

2 攤平衣服，將兩邊袖子向內摺。

3 將衣服左右兩側向內對摺。

4 從領口往下捲起來，印有圖案的那面建議朝外，之後比較好找。

5 捲至反摺處後翻回來，套住整件衣服，就不會散開。

3 秒就能解決的快速摺衣法　瞄準 A、B、C 3 點就能成功

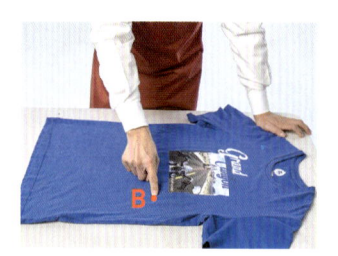

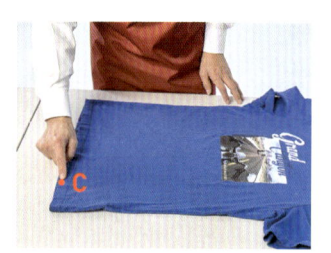

1 適用於短袖或背心。將衣服攤平在桌上，分成 A、B、C 3 點。

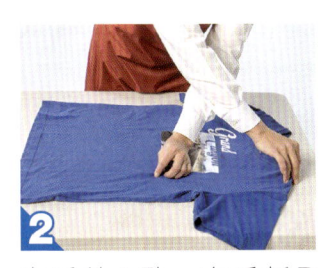

2 右手放A點，左手抓B點。

3 右手抓起領口點A，將A摺到C，使兩點重疊在一起。

4 左手依然捏住B點向上拉起，左手不要動。

5 把另一邊摺到後面就完成。

6 完成！

2 吊掛不留痕跡

裙子 用衣夾夾住厚紙片　　**大衣、西裝外套** 用有厚度的衣架晾掛

1 若怕夾式衣架會在裙子上留下衣夾夾痕，可在夾之前先在接觸面套上厚紙板。

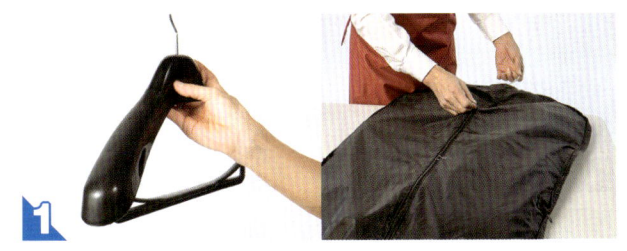

1 應使用肩膀有厚度的圓弧衣架或木架吊掛大衣，才不會變形。扣好外套的釦子，再套上防塵袋，就不用擔心灰塵。

3 換季收納法

厚重棉被收納法　放入棉被壓縮袋中

1 確認摺成四方形的棉被可以放進壓縮袋中。

2 將棉被裝進壓縮袋中,以內附的夾子封住封口,同時擠出空氣。

3 拿吸塵器抽空空氣,讓壓縮袋呈現真空狀態。

4 真空的,厚度為1/3,防潮也防氧化。但羽絨被禁用,羽絨會斷裂不保暖

換季時的羽絨衣收納法　捲出空氣

1 將羽絨衣的帽子外翻。

2 攤開羽絨衣,將兩邊的袖子向內對摺。

3 將衣服左右兩側向中間對摺1/2。

4 從下擺開始向上捲到帽子處。

5 將反摺的帽子翻回來,把羽絨衣收進帽子裡。

6 完成!

168

PLUS 告別秋冬惱人靜電
達人告訴你避免被電到的方法！

靜電是自然現象，易發生在秋冬

當我們在穿脫毛衣或毛毯時，會聽到劈哩啪啦的聲音，那就是靜電。秋冬氣候寒冷、乾燥更容易發生，常常會無預警被電到，真的很討厭。其實靜電是相當正常的自然現象，自然界中本身就含有正電與負電，當它們結合時會產生電流，這就是為什麼靜電發生時，我們會感到觸電的原因。

脫掉鞋子釋放累積在身體的電荷

有時候開手把時會被電到，那是因為你身體累積的電荷，與外界的電荷結合，產生了電流。要避免這種情況發生，建議不要穿鞋子。當你赤腳接觸地面時，身體中的電流會自然地釋放到地表，原理就如同接地線，但若你穿了鞋，身體中的電流就被隔絕在裡面，並慢慢累積，等遇到正電和負電的交流時，就會產生電流被電到。

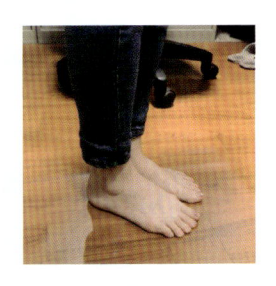

減少衣服摩擦力降低靜電發生

靜電是因為摩擦而產生的，所以想要減少靜電就要減少摩擦。所以我們在洗毛衣、針織衫時，可以加入柔軟劑。柔軟劑可以讓衣物便蓬鬆柔軟，穿起來更柔順，也就是說，能夠降低衣物的摩擦力。另外放醋也有同樣效果。

開車門時握鑰匙金屬部位才不會被電

另外，拿鑰匙開車門時，盡量拿鐵的地方，不要拿塑膠鑰匙柄的部位，因為塑膠是絕緣體不會釋放你身體裡的電流。拿鐵的地方開車門，就可以讓電流流到你的車子，釋放整個電流，比較不會被靜電電到。

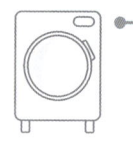

專家解答！
最多人誤解的洗滌知識，一次解惑！

Q1 想要維持亮白如新的白T，應該這樣洗！

專家解答：洗衣劑＋洗碗精＋過碳酸鈉（增豔洗衣粉），才能真正洗淨！

最多人問我怎麼洗白衣服才能維持原本的潔白，不會有灰灰舊舊的感覺。或是洗完還會有發黃的地方？

想要把白衣服真正洗乾淨，有三大關鍵1分類、2洗滌的溫度，以及3洗劑。首先，要將純白色衣褲和有圖案的白T分開。純白色衣褲可以用40～55度溫水，以洗衣劑加洗碗精和過碳酸鈉清洗。一般化工行即可買到過碳酸鈉，也可以用增豔洗衣粉取代。此外，很多人都會忽略「不自覺排汗」，衣服穿在身上多少都會接觸到肌膚上油脂、汗液，這就是衣服留下黃斑的主因，洗劑加一點洗碗精可以有效去油汙。

以家用洗衣機為例，兩次洗程，洗劑建議比例如下：

純白色衣物：洗衣精（去汙）70%
　　　　　　　洗碗精（去油）20%
　　　　　　　過碳酸鈉（漂白）10%

若白T上有圖案、貼鑽等其他裝飾時，就不能以高溫和洗碗精清洗，都會造成它脫落或裂開。若不想特別麻煩分兩桶清洗時，可以在純白衣物主洗後，第二次洗程時再加入有圖案的白T，並且翻面清洗，能較避免洗壞衣服上的裝飾圖案。

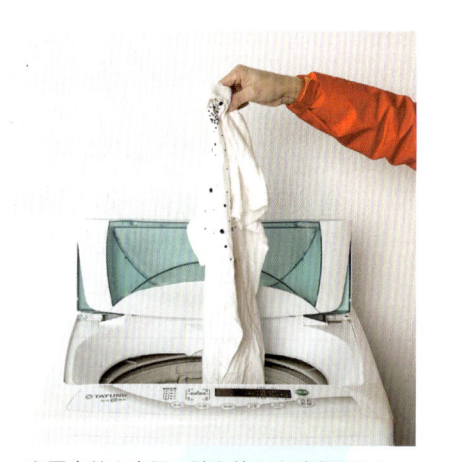

● 有圖案的白衣服，請在第二次洗程再加入。

Q2 常保深色衣服不褪色的正確洗滌方式！

專家解答：洗衣劑＋洗碗精＋雙氧水（可換白醋），並縮短洗程！

很多人遇到洗深色衣服最怕褪色，黑色變成灰色，很大可能是洗衣劑的鹼度較高，容易洗掉衣服顏色。但是鹼性洗劑有殺菌功能卻又會容易使衣服褪色，該怎麼辦呢？

洗深色衣服要以冷水並縮短洗程，才能盡量保持衣服不變色，但擔心會洗不乾淨，我們可以加入雙氧水在洗劑裡面達到殺菌功能。家裡若沒有雙氧水，可以洗劑的兩成白醋中和洗衣精的鹼性，讓清洗環境回到中性或弱酸性，可以減少深色衣服褪色。

以家用洗衣機為例，縮短洗程，洗劑建議比例如下：

深色衣物：洗衣精（去汙）70%
　　　　　　洗碗精（去油）10%
　　　　　　雙氧水（殺菌）20%

這就是為什麼我們一直強調洗衣服要分類，因為洗滌條件本來就不同，深色要用冷水清洗是怕它褪色，白色以中高溫水清洗，是因為要去污。連洗衣服的時間也不同，深色要快洗，白色可以增加洗程甚至浸泡洗滌。因此，只要知道洗衣服的種類和目標，就能很輕鬆洗出亮麗如新的衣物了。

另外提醒大家，市售的增豔洗衣劑主要成分是過碳酸鈉，並不適合清洗深色衣服，會造成褪色。

Q3 洗衣服時不小心沾到衛生紙屑，該怎麼處理？

專家解答：加柔軟劑再清洗一次！

大部分人洗衣服都會檢查口袋裡有沒有東西，但總有一兩次因為匆忙而忘記檢查，等待衣服洗好才發現衣物都沾上衛生紙屑了，先別崩潰！只要加入柔軟劑再清洗一遍就好。

這是因為一個陽離子跟陰離子的概念，兩個離子不同，就會讓衛生紙屑和衣服分離。此外，柔軟劑是一種保護膜，紙張就很難黏貼在上面。

Q4 所有衣物洗滌時，都要包網袋嗎？

專家解答：沒有扣子、拉鍊，或特別裝飾的衣物，不需要包洗衣袋！

洗衣袋主要功能在於保護有扣子、拉鍊的衣物、或是有特別裝飾的服飾，在清洗時不要鉤到或拉扯其他衣服，其餘衣服我都認為不需要特別包洗衣袋。

除非是有鋼圈胸罩會有變形的問題，務必選擇胸罩專用的有支架洗衣網，才能保持其形狀維持胸罩的使用壽命。

若使用洗衣袋時，建議一個洗衣袋最多放三分之一量的衣物即可，過多衣物在袋內空間不足會導致沒辦法清潔，使得汗臭味無法洗掉，造成二次汙染，又會互相糾結在一起，失去清洗衣服的效果。此外，也不能選擇過大的洗衣袋，會造成衣物的拉扯與打結，失去了洗衣袋的作用。

● 蕾絲等衣物怕鉤扯損壞，就要放入洗衣袋清洗。

Q5 現在流行的洗衣球，該怎麼選擇？

專家解答：選擇有抗菌效果的洗衣球，效果更好！

洗衣球是近年來流行的洗劑類型，使用起來非常方便，市面上品牌非常多，我建議挑選有標示抗菌效果的洗衣球，是經過實驗室測試，我自己也使用過，至少對消費者而言比較安心。

使用上最好是讓洗衣球溶化在水槽裡後，再放入適量的衣物，可以避免清潔劑溶化不完全而沾染到衣服上，造成清洗不乾淨。

Q6 建議使用香氛豆嗎？

專家解答：味道太香、太刺激的產品，恐會造成皮膚不適，不建議使用！

香氛豆主要功能是添加在洗衣過程中可以去除衣物異味，維持香氣。事實上對清潔衣物是沒有特別效果，尤其香氛豆的品牌眾多、品質參差不齊，有些香味太刺激恐會造成肌膚搔癢不適，尤其家裡有小朋友的，在不確定其成分是否會影響荷爾蒙、生長激素等，我更是不建議使用。

大部分人習慣洗衣服要有香味，才覺得衣服是有洗過，這個觀念是錯的，我們洗衣服應該是要「洗乾淨」。如果要添加柔軟劑，請選擇無味、不刺激的產品最佳。

Q7 外面的自助洗衣店都很髒？加一步驟可安心清洗！

專家解答：在洗衣過程加雙氧水，有助殺菌！

現代多數人陽台都很小，無法一次洗很多衣物或大件的床單，大多會選擇到外面自助洗衣店洗烘一次搞定。但很多人反映，擔心外面的洗衣機曾經洗過其他人衣服，會有衛生疑慮。

如果你可以做好衣物顏色分類工作，可依照上述的深淺色的洗法，白色衣物加過碳酸鈉殺菌；深色衣服就加雙氧水殺菌。如果沒有分類的話，或是花色床被單都可以加雙氧水，幫助殺菌會比較安心！

附錄 1

洗衣店老闆告訴你，洗衣糾紛該如何避免及處理！

遵守送洗 SOP 流程，日後沒煩惱

送洗會發生問題，常常是送洗過程中疏忽了一些細節，但只要遵照以下SOP流程，就能降低洗壞機率！

送洗前 ➡ 請先確認衣物有無破洞或汙漬，口袋是否有零錢等雜物未取出。如果口袋有異物沒取出，在送洗時衣服可能會被刮壞。

送洗時 ➡ 店家會檢查衣物狀況，看是否有缺鈕、破洞。若有汙漬，要詳細告訴店家是何種汙漬，店家才能正確判斷該用何種洗法。有任何問題都要與店家詳細溝通。

瞭解衣服被洗壞的主因，送洗前多注意

根據國際乾洗協會IFI調查，在一般洗衣糾紛中，責任歸屬有65%在於製造商，可能是標示不清或是其他製造問題；洗衣業者洗壞、以及消費者自行處理錯誤的比例約各占11、12%；無法判別原因也大概11、12%。因此其實主要問題大多出在製造。

購買前注意材質、成分、洗法 ➡ 想避免洗衣糾紛，可以從源頭做起。買衣服前一定要先確認材質、成分及洗標。一般洗標需要經測試才能貼上，所以如果標示不清，會造成洗衣店家錯誤判斷衣物材質、成分。另外還有一種狀況，近幾年有些大品牌衣服的洗標，會標示不能水洗也不能乾洗，這類衣服就算送到洗衣店，店家也很難處理。因此購買衣物前請好好確認洗標。

向製造商詢問 ➡ 洗標不清楚或標示不能乾洗也不能水洗，就應該向製造商詢問洗滌方式，然後再轉告洗衣店店家。如果這樣還是洗壞了，也能明白責任歸屬。

認識洗衣糾紛處理流程，發生時不慌張

當洗衣糾紛發生時，該向誰申訴、該怎麼處理呢？讓我們認識洗衣糾紛的處理流程，碰到時才不會當冤大頭。

發生糾紛送消基會處理 ➡ 一般發生洗衣糾紛要到消基會申訴，消保官的判別標準就是洗標。但如果消保官看洗標後還是沒有辦法辨別責任歸屬，就會送到第三公證單位，如洗衣工會。洗衣工會會篩選約7至10人，由他們進行研判。客人需填寫申訴表，店家則需填寫所有處理流程，包括洗法、加什麼洗劑、是否有烘乾、怎麼整燙等。

消費者應多監督上游廠商 ➡ 衣服洗壞，其實大多跟洗衣流程無關，有些是製造商洗標標示錯誤，或是為了節省成本，省略了考克的步驟，造成一洗就破掉的狀況。所以消費者應多以自己的力量督導那些製造廠商，才不會最後求償無門。

附錄 2

只曬被子是不夠的，
你知道被芯其實可以洗嗎？

一般人以為被單裡的被芯不能洗，甚至連賣棉被的業者也說不用清洗，只要曬太陽就可以殺菌。但原則上曬太陽無法確實殺菌，更不說塵蟎了。

確認被芯材質，使用正確洗法

棉被依據材質不同，可分為水洗及乾洗。能夠水洗的棉被，有毛毯、具防蟎功能的化纖棉被、羽絨被3種；而只能乾洗的，有由棉花打出來的傳統棉被、羊毛被及蠶絲被3種。後者要清潔只能送至洗衣店處理。

被芯清洗有訣竅，洗了不會變形

一般來說，雖然毛毯、防蟎棉被、羽絨被可以水洗，但家用洗衣機無法處理。

送自助洗或洗衣店➡ 洗衣機能乘載的公斤數，不外乎14到16公斤，雖然拿棉被時覺得沒那麼重，但要考慮棉被含水後的重量，有時甚至會重到洗衣機無法攪動。建議送自助洗衣店或傳統洗衣店。

太髒要預處理➡ 自助洗時加洗衣粉即可。另外有些人睡覺時只蓋被芯、或是很久沒洗，被芯容易沾有汗漬及口水，記得要先預處理。

要定期清洗➡ 被芯最好一季洗一次，它上面除了我們平常的汗水、口水外，還有塵蟎，比一般衣物還要髒。有些棉被業者會告訴消費者被芯不能清洗，否則會變形，其實是不正確的。

殺死塵蟎、細菌，睡覺不過敏

很多人不洗被芯，以為曬過太陽就很乾淨，還能順便殺死塵蟎、細菌。不過塵蟎、細菌其實沒有那麼容易被殺死。一般的曝曬法對塵蟎沒用，只能曬出太陽的味道。

烘衣機設定60度➡ 想殺死塵蟎，必須將棉被放到攝氏48度至50度的環境，並且持續10分鐘才能真正達到效果。因此洗完棉被後不要曬太陽，而是要利用烘衣機烘乾，可設定攝氏60度、連續烘10鐘以上。

不能只烘還要洗➡ 有人或許會認為殺死塵蟎可以單靠烘乾，不需要洗。但其實如果不洗，塵蟎的屍體就會殘留。研究顯示，塵蟎會吃塵蟎的屍體，還是會繼續孳生，所以被芯一定都要洗過。

台灣廣廈 國際出版集團
Taiwan Mansion International Group

國家圖書館出版品預行編目（CIP）資料

除汙去漬！正確洗衣（暢銷增訂版）：台灣第一洗衣達人「真正乾淨」的清潔術，3分鐘去除髒汙，擺脫髒臭毒！／沈富育著. -- 二版. -- 新北市：蘋果屋，2024.10
176面；17×23公分
ISBN 978-626-7424-37-7（平裝）
1.CST: 洗衣 2.CST: 家政

423.7　　　　　　　　　　　　　　　113013022

蘋果屋 APPLE HOUSE

除汙去漬！正確洗衣（暢銷增訂版）
台灣第一洗衣達人「真正乾淨」的清潔術，3分鐘去除髒汙，擺脫髒臭毒！

作　　　者／沈富育	編輯中心執行副總編／蔡沐晨・編輯／陳宜鈴
攝　　　影／子宇影像工作室（阿志）	封面設計／何偉凱・內頁排版／亞樂設計有限公司
	製版・印刷・裝訂／東豪・弼聖・秉成

行企研發中心總監／陳冠蒨
線上學習中心總監／陳冠蒨
媒體公關組／陳柔彣
企製開發組／江季珊、張哲剛
綜合業務組／何欣穎

發　行　人／江媛珍
法律顧問／第一國際法律事務所 余淑杏律師・北辰著作權事務所 蕭雄淋律師
出　　　版／蘋果屋
發　　　行／蘋果屋出版社有限公司
地址：新北市235中和區中山路二段359巷7號2樓
電話：(886) 2-2225-5777・傳真：(886) 2-2225-8052

代理印務・全球總經銷／知遠文化事業有限公司
地址：新北市222深坑區北深路三段155巷25號5樓
電話：(886) 2-2664-8800・傳真：(886) 2-2664-8801
郵政劃撥／劃撥帳號：18836722
劃撥戶名：知遠文化事業有限公司（※單次購書金額未達1000元，請另付70元郵資。）

■出版日期：2024年10月
ISBN：978-626-7424-37-7
版權所有，未經同意不得重製、轉載、翻印。

Complete Copyright © 2024 by Taiwan Mansion Publishing Co., Ltd.
All rights reserved.